高等职业教育新形态精品教材

Computer Aided Design Project Tutorial

计算机辅助设计项目教程

主 编◎华 云

北京理工大学出版社
BEIJING INSTITUTE OF TECHNOLOGY PRESS

内 容 简 介

本书从实际应用出发,详细介绍了图像处理的基本知识,重点介绍了图像处理的基本方法和设计技巧,同时兼顾图像特效设计制作部分知识。本书以够用、会用为原则,通过精选典型案例进行设计解析,加强学生对图像调色、矢量绘制、图文设计的理解和应用。通过7个模块、23个教学任务、24个拓展任务,精心设计项目任务,力求达到理论知识与实践操作的完美结合。

本书可作为高等院校动漫设计、动漫制作技术、数字媒体艺术设计、数字媒体应用技术及相关专业的教材。本书具有一定的参考价值,还可供从事平面设计、图像处理的工作人员以及对广告设计、图像处理感兴趣的爱好者及其他相关专业的学生学习使用。

版权专有 侵权必究

图书在版编目(CIP)数据

计算机辅助设计项目教程 / 华云主编. -- 北京:
北京理工大学出版社, 2021.10 (2021.12重印)
 ISBN 978-7-5763-0560-9

 Ⅰ. ①计… Ⅱ. ①华… Ⅲ. ①计算机辅助设计-高等
学校-教材 Ⅳ. ①TP391.72

中国版本图书馆CIP数据核字(2021)第214916号

出版发行 / 北京理工大学出版社有限责任公司

社　　址 / 北京市海淀区中关村南大街5号

邮　　编 / 100081

电　　话 / (010) 68914775(总编室)
　　　　　　 (010) 82562903(教材售后服务热线)
　　　　　　 (010) 68944723(其他图书服务热线)

网　　址 / http: //www.bitpress.com.cn

经　　销 / 全国各地新华书店

印　　刷 / 河北鑫彩博图印刷有限公司

开　　本 / 889毫米×1194毫米　1/16

印　　张 / 9.5　　　　　　　　　　　　　　　　责任编辑 / 钟　博

字　　数 / 237千字　　　　　　　　　　　　　　文案编辑 / 钟　博

版　　次 / 2021年10月第1版　2021年12月第2次印刷　　责任校对 / 周瑞红

定　　价 / 59.00元　　　　　　　　　　　　　　责任印制 / 边心超

前言 PREFACE ·································⦿

随着我国高等教育教学改革的不断深化，必须把培养德智体美劳全面发展的高素质技术技能人才放在战略地位，与平面设计、网页设计、动漫设计等岗位工作内容密切相关的图像处理技术也成为一门重要的专业核心课程。

本书内容丰富、结构清晰、图文并茂、通俗易懂，适合从事平面设计、图像处理的工作人员以及对广告设计、图像处理感兴趣的爱好者及其他相关专业的学生学习使用，具有一定的参考价值。

本书采用"模块—任务—知识点讲解—任务实现—拓展任务—测一测"的思路进行编排，学生可明确工作任务，在任务完成过程中熟悉设计制作思路，掌握图文设计的方法、技巧，从实际工作任务中开阔艺术创意思维，提升专业技能，通过拓展任务进一步提高学生的实际应用能力和设计制作水平，通过"测一测"检验专业知识的运用能力和水平。

本书设计了7个教学模块，每个模块包含3~5个任务，这些任务大部分来自企业工作实际，结合相关职业岗位要求和行业标准，能够学习到计算机辅助设计的新方法、新技术、新思路，其中，模块1是了解Photoshop，模块2是选区操作，模块3是渐变和文字工具，模块4是图像调色，模块5是图层样式与混合模式，模块6是矢量图像绘制，模块7是图像特效设计。

为帮助读者更好地使用本书，我们创建了与教材配套的课程网站（http://mooc1.chaoxing.com/course/202908692.html），与教材相关的素材和资源均可以在网站进行下载。

本书是编者与山东新视觉数码科技有限公司合作编写的。在本书编写过程中得到了北京理工大学出版社相关编辑的大力帮助和支持，在此表示衷心的感谢。由于编者水平有限，书中难免会有不足之处，恳请读者批评指正。

编 者

目录 CONTENTS

模块1 | 了解Photoshop

知识目标

了解 Photoshop 的应用领域，熟悉软件界面，掌握软件的基本操作方法，为以后的学习打下坚实的基础。

技能目标

具备独立使用 Photoshop 进行面板属性设置的能力。

素养目标

培养学生小组合作、积极进取的精神，具有一定的审美观、鉴赏能力，具备良好的职业道德和沟通交流能力，具备独立思考和认真钻研的良好品质。

任务 1　了解 Photoshop 的应用领域

Photoshop 是由美国 Adobe 公司开发的专业图形图像处理软件，其用户界面易懂、功能完善、性能稳定，是目前流行的图形图像编辑应用软件，广泛应用于广告设计、网页设计、三维效果图处理、数码照片处理等方面，大多数广告、出版和软件公司都将 Photoshop 作为首选的平面设计工具。

Photoshop 的应用领域非常广泛，几乎可以说，凡是涉及设计的地方，都有 Photoshop 的身影，下面通过一些案例，了解 Photoshop 的应用领域。

1.1.1　在平面广告设计中的应用

Photoshop 在平面广告设计方面的应用是非常广泛的，如招贴式宣传的促销传单、POP 海报和公益广告或手册式的宣传广告等，这些具有丰富图像的平面印刷品，通过它都能进行设计与制作，图 1-1 所示平面广告即用 Photoshop 设计的平面广告。

图 1-1　平面广告

1.1.2　在插画设计中的应用

　　插画作为视觉表达艺术之一，利用 Photoshop 可以在计算机上模拟画笔绘制多样的插画和插图，不但能表现出逼真的传统绘画效果，还能制作出画笔无法实现的特殊效果，如图 1-2 所示。

1.1.3　在网页设计中的应用

　　网页是使用多媒体技术在计算机网络与人们之间建立的一组具有展示和交互功能的虚拟界面。利用 Photoshop 可完成网页效果图的制作，如图 1-3 所示。

图 1-2　插画

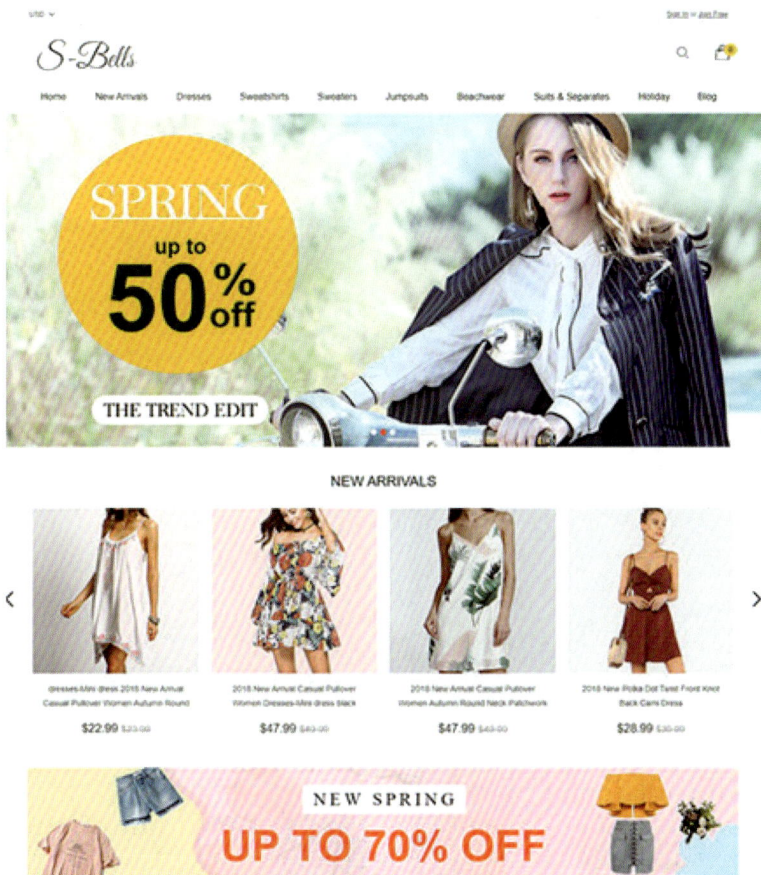

图 1-3　网页设计

1.1.4　在界面设计中的应用

　　界面设计这一行业现如今受到各软件企业及开发者的重视，从以前的软件界面和游戏界面，到现在的各种移动电子商品的界面，绝大多数都是使用 Photoshop 的渐变、图层样式和滤镜等功能来制作各种真实的质感和特效，如图 1-4 所示。

图 1-4　界面设计

1.1.5　在数码照片后期处理中的应用

　　Photoshop 提供的图像调色命令以及图像修饰等功能，在数码照片后期处理中发挥着巨大作用，为数码爱好者提供了广阔的设计空间，通过这些功能可以快速制作出需要的照片特效，如图 1-5 所示。

图 1-5　数码照片后期处理

1.1.6　在效果图后期处理中的应用

　　通常在制作建筑效果图、人物和配景等许多三维场景后都需要通过 Photoshop 进行后期处理，如添加和调整颜色，这样不仅可以增强画面的美感，还可以节省渲染时间，如图 1-6 所示。

图 1-6　效果图后期处理

1.1.7　在电子商务中的应用

电子商务行业的飞速发展，使 Photoshop 在电子商务领域的应用也越来越广泛，店铺设计、店标设计、商品效果图处理、商品图促销海报设计等一系列操作，一般都需通过 Photoshop 来完成，如图 1-7 所示。

图 1-7　电商海报

任务 2　熟悉 Photoshop 的界面

使用工作界面是学习 Photoshop 的基础。熟练掌握工作界面的内容，有助于日后得心应手地使用 Photoshop。Photoshop 的工作界面主要由"菜单栏""属性栏""工具箱""控制面板""工作区域"和"状态栏"组成，如图 1-8、图 1-9 所示。

图 1-8　Photoshop 启动界面

图 1-9　Photoshop 工作界面

1.2.1 菜单栏及其快捷方式

菜单栏位于 Photoshop 界面顶端，包含了可以执行的各种命令，单击菜单名称即可打开相应的菜单，也可以通过按【Alt】键 + 菜单括号内的字母键打开相应的菜单（如打开"文件"菜单的组合键是【Alt + F】）。Photoshop 的菜单栏依次分为"文件"菜单、"编辑"菜单、"图像"菜单、"图层"菜单、"文字"菜单、"选择"菜单、"滤镜"菜单、"3D"菜单、"视图"菜单、"窗口"菜单及"帮助"菜单，如图 1-10 所示。

| Ps | 文件(F) | 编辑(E) | 图像(I) | 图层(L) | 文字(Y) | 选择(S) | 滤镜(T) | 3D(D) | 视图(V) | 窗口(W) | 帮助(H) |

图 1-10   Photoshop 菜单栏

1.2.2 工具箱

Photoshop 的工具箱提供了强大的工具，包括选择工具、绘图工具、填充工具、编辑工具、颜色选择工具、屏幕视图工具、快速蒙版工具等 60 多种工具。工具箱位于窗口的最左侧，有较强的伸缩性，通过单击工具栏顶部的伸缩栏，可以在单栏和双栏之间进行切换。工具栏将功能相近的工具归为一组放在一个工具组按钮中，按钮右下角有一个黑色三角的表明是一个工具组按钮。当在任一工作组按钮上按住鼠标左键不放或右击该按钮时，就可以打开相应的工具组。例如，文字工具组如图 1-11 所示。

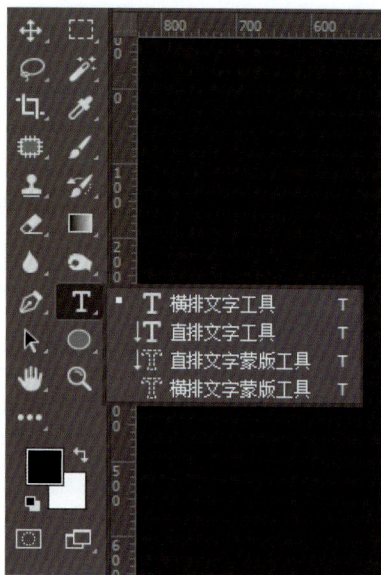

图 1-11   Photoshop 工具箱

1.2.3 属性栏

用户选择工具箱中的任意一个工具后，都会在 Photoshop 的界面中出现相对应的属性栏。属性栏默认位于菜单栏的下方。例如，选择工具箱中的"矩形选框工具"，出现"矩形选框工具"的属性栏，如图 1-12 所示。

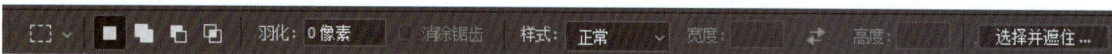

图 1-12   "矩形选框工具"的属性栏

1.2.4 状态栏

在 Photoshop 中，图像的状态栏显示在图像文件窗口的底部。状态栏的左侧是当前图像缩放显示的百分数；状态栏的中间部分是图像的文件信息，用鼠标单击灰色三角图标 ▶，在弹出的菜单中可以选择当前图像的相关信息，如图 1-13 所示。

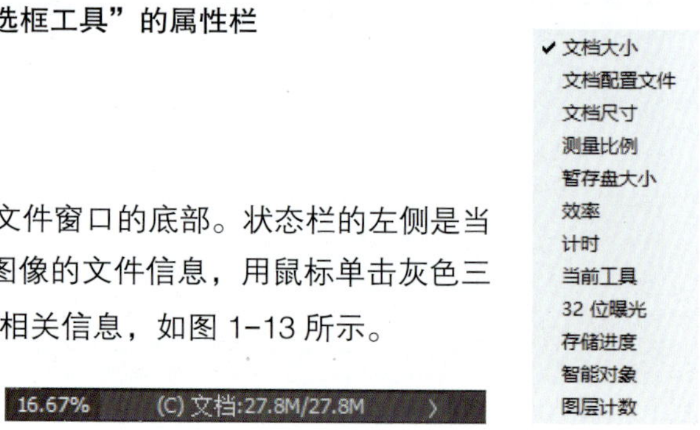

图 1-13   当前图像相关信息

1.2.5　控制面板

Photoshop 的控制面板是处理图像时另一个不可或缺的部分。打开 Photoshop，可以看到 Photoshop 的界面为用户提供了多个控制面板组，如图 1-14 所示。

控制面板

图 1-14　控制面板

任务 3　掌握 Photoshop 的基本操作

Photoshop 的
基本操作

1.3.1　文件操作

1. 新建图像

选择"文件—新建"命令（【Ctrl + N】键）。打开"新建文件"对话框，如图 1-15 所示。

在对话框中，根据需要单击上方的类别选项卡，选择需要的预设新建文档；或在右侧的选项中修改图像的名称、宽度、高度、分辨率、颜色模式等预设数值新建文档，单击图像名称右侧的按钮，新建文档预设。设置完成后，单击"创建"按钮，即可完成新建图像的任务。

2. 打开图像

使用"文件"菜单中的"打开"命令（【Ctrl + O】键），将弹出"打开"对话框。在对话框中搜索路径

图 1-15　"新建文件"对话框

和文件，确认文件类型和名称，通过 Photoshop 提供的预览缩略图选择文件，然后单击"打开"按钮，或直接双击文件，即可打开指定的图像文件，如图 1-16 所示。

3. 保存文件

编辑和制作完图像后，就需要对图像进行保存。启用"存储"命令，有以下几种方法：

◆ 选择"文件—存储"命令。

◆ 按【Ctrl + S】键。

◆ 选择"文件—存储为"命令。

◆ 按【Shift + Ctrl + S】键。

当对设计好的作品进行第一次存储时，启用"存储"命令，系统将弹出"另存为"对话框，在对话框中，输入文件名并选择文件格式，单击"保存"按钮，即可将图像保存，如图 1-17 所示。

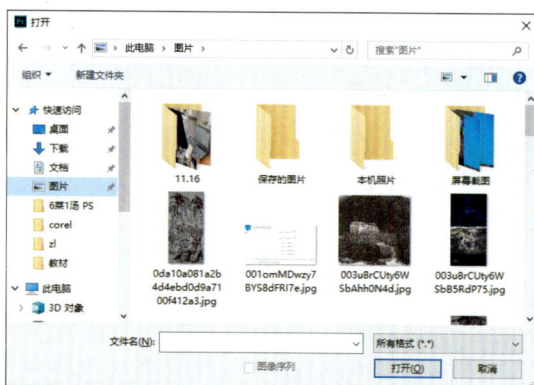

图 1-16　"打开"对话框

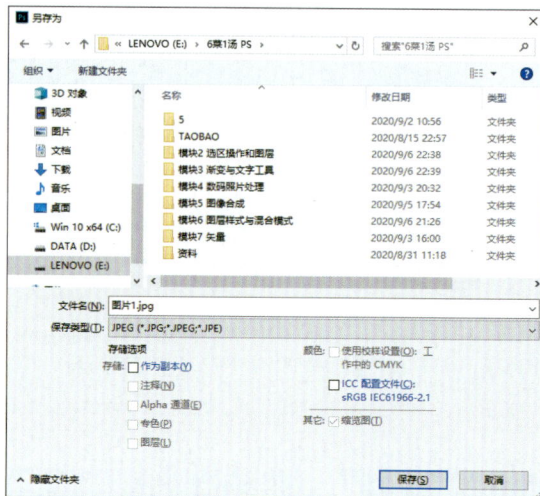

图 1-17　"另存为"对话框

1.3.2　图像的显示效果

1. 按原尺寸 100% 显示

100% 显示图像，在此状态下可以对文件进行精确的编辑。

2. 放大显示图像

放大显示图像有利于观察图像的局部细节并更准确地编辑图像（图 1-18）。放大显示图像，有以下几种方法：

◆ 使用"缩放工具"：选择工具箱中的"缩放工具"，图像中光标变为放大工具图标，每单击一次鼠标，图像就会放大原图的一倍。例如，图像以 100% 的比例显示在屏幕上，单击放大工具一次，则图像的比例变成 200%，再单击一次，则变成 300%。当要放大一个指定的区域时，先选择放大工具，然后把放大工具定位在要放大的区域，按住鼠标左键并拖动鼠标，使画出的矩形框选住所需的区域，然后松开鼠标左键，这个区域就会放大显示并填满图像窗口。

◆ 使用快捷键：按【Ctrl +"+"】键，可逐次地放大图像。

◆ 使用属性栏：如果希望将图像的窗口放大填满整个屏幕，可以在缩放工具的属性栏中单击"适合屏幕"按钮，再勾选"调整窗口大小以满屏显示"复选框。这样在放大图像时，窗口就会和屏幕的尺寸相适应。单击"100%"按钮，图像就会以实际像素比例显示；单击"填充屏幕"按钮，可以缩放图像以适合屏幕。

◆ 使用"导航器"控制面板：用户也可以在"导航器"控制面板中对图像进行放大或缩小，选择"窗口—导航器"命令，弹出"导航器"控制面板。单击控制面板右下角较大的三角图标，可逐次地放大图像。单击控制面板左下角较小的三角图标，可逐次地缩小图像。拖拉滑块可以自由地将图像放大或缩小。在左下角的数值框中直接输入数值后，按【Enter】键确定，也可以将图像放大或缩小。

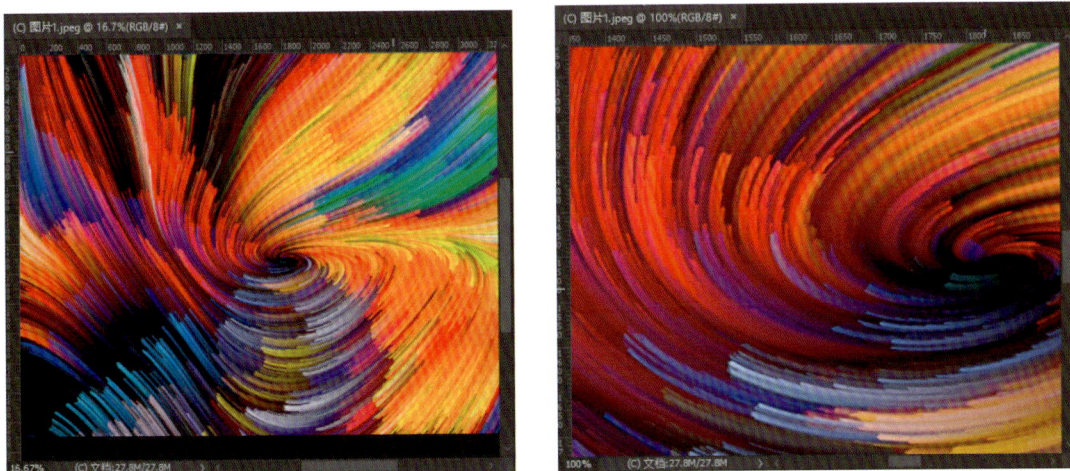

图 1-18　显示比例

3. 缩小显示图像

缩小显示，可使图像变小，这样一方面可以用有限的屏幕空间显示出更多的图像，另一方面可以看到一个较大图像的全貌。缩小显示图像，有以下几种方法：

◆ 使用"缩放工具"：选择工具箱中的"缩放工具"，图像中光标变为放大工具图标，按住【Alt】键，则屏幕上的缩放工具图标变为缩小工具图标。每单击一次鼠标，图像将缩小显示一级。

◆ 使用属性栏：在"缩放工具"的属性栏中单击缩小按钮，则屏幕上的缩放工具图标变为缩小工具图标。每单击一次鼠标，图像将缩小显示一级。

◆ 使用快捷键：按【Ctrl +"-"】键，可逐次地缩小图像。

1.3.3　标尺、参考线和网格线的设置

1. 标尺的设置

设置标尺可以精确地编辑和处理图像。选择"编辑—首选项—单位与标尺"命令。"单位"选项组用于设置标尺和文字的显示单位，有不同的显示单位可供选择；"列尺寸"选项组可以用列来精确确定图像的尺寸；"点／派卡大小"选项组则与输出有关，如图 1-19 所示。

2. 参考线的设置

设置参考线可以使编辑图像的定位更精确。将鼠标光标放在水平标尺上，按住鼠标左键不放，可以拖曳出水平的参考线。将鼠标光标放在垂直标尺上，按住鼠标左键不放，可以拖曳出垂直的参考线，如图 1-20 所示。

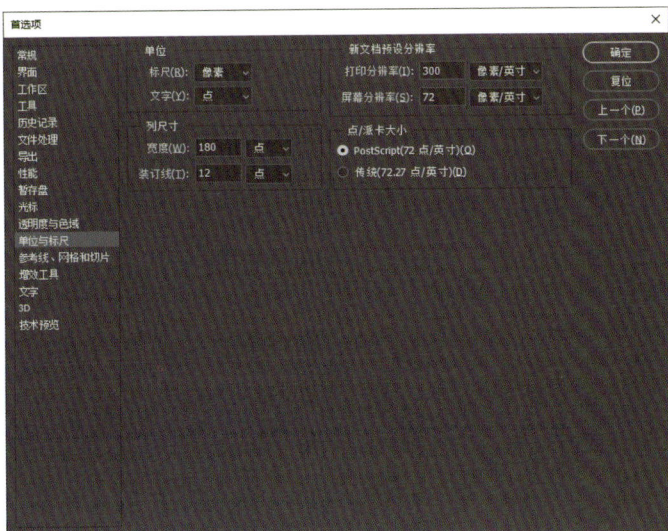

标尺工具使用

图 1-19　标尺设置

图 1-20　水平和垂直参考线

3. 网格线的设置

设置网格线可以更精确地处理图像，设置方法如下。

选择"编辑—首选项—参考线、网格和切片"命令。"参考线"选项组用于设定参考线的颜色和样式；"网格"选项组用于设定网格的颜色、样式、网格线间隔和子网格等；"切片"选项组用于设定线条颜色和是否显示切片编号，如图 1-21 所示。

图 1-21　参考线、网格和切片

1.3.4　图像和画布尺寸的调整

1. 图像尺寸的调整

打开一幅图像，选择"图像—图像大小"命令，系统将弹出"图像大小"对话框，如图 1-22 所示。

◆ 图像大小：通过改变"宽度""高度"和"分辨率"选项的数值，可改变图像的文档大小，图像的尺寸也相应改变。

◆ 缩放样式：选择此选项后，若在图像操作中添加了图层样式，可以在调整大小时自动缩放样式大小。

◆ 尺寸：指沿图像的宽度和高度的总像素数。单击尺寸右侧的下拉按钮，可以改变计量单位。

◆ 调整为：指选取预设以调整图像大小。

◆ 约束比例：单击"宽度"和"高度"选项，左侧出现锁链标志，表示改变其中一项设置时，两项会成比例的同时改变。

◆ 分辨率：指位图像中的细节精细度，计量单位是像素 / 英寸（ppi），每英寸的像素越多，分辨率越高。

◆ 重新采样：不勾选此复选框，尺寸的数值将不会改变，"宽度""高度"和"分辨率"选项的左侧将出现锁链标志，改变数值时三项会同时改变。

在"图像大小"对话框中，如果要改变选项数值的计量单位，可在选项右侧的下拉列表中进行选择。单击"调整为"选项右侧的按钮，在弹出的下拉菜单中选择"自动分辨率"命令，弹出"自动分辨率"对话框，系统将自动调整图像的分辨率和品质效果。

2. 画布尺寸的调整

画布是用于界定当前图像的范围，用户可以改变画布的尺寸。如果增大画布，将在原文档的四周增加空白部分；如果缩小画布，导致画布比图像内容小，就会裁去超出画布的部分。

选择"图像—画布大小"命令，系统将弹出"画布大小"对话框，如图 1-23 所示。"当前大小"选项组用于显示当前文件的大小和尺寸；"新建大小"选项组用于重新设定图像画布的大小；"定位"选项则可调整图像在新画面中的位置，如偏左、居中或偏右下等。

图 1-22　"图像大小"对话框

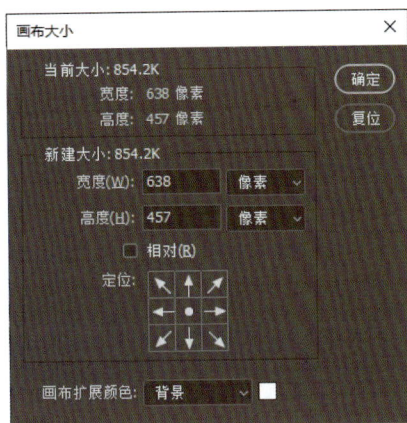

图 1-23　"画布大小"对话框

1.3.5　设置绘图颜色

1. 使用调色板设置颜色

工具箱中的色彩控制工具可以用于设定前景色和背景色。单击切换标志或按【X】键可以互换前景色和背景色；单击初始化图标或按【D】键，可以使前景色和背景色恢复到初始状态，前景色为黑色、背景色为白色；单击前景色或背景色控制框，系统将弹出"拾色器"对话框，可以在此选取颜色，如图 1-24 所示。

在"拾色器"对话框中设置颜色，有以下几种方法：

◆ 使用颜色滑块在颜色选择区选择颜色，或用鼠标在颜色色相区域内单击或拖曳两侧的三角形滑块，都可以使颜色的色相产生变化，如图 1-25 所示。

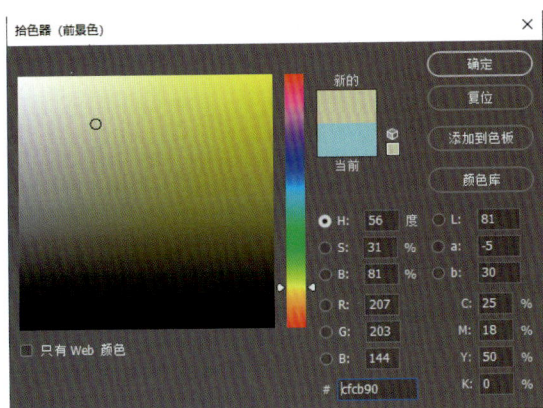

图 1-24　"拾色器"对话框

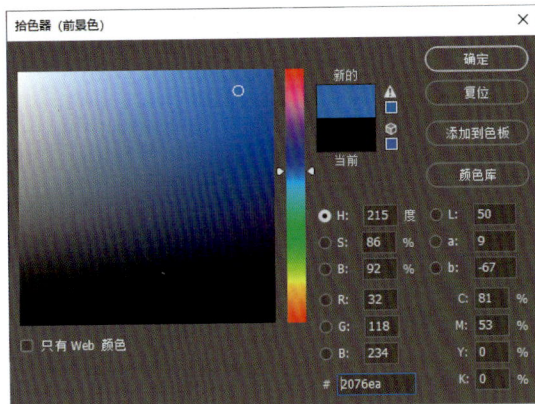

图 1-25　拾色器

◆ 使用颜色库按钮选择颜色：在"拾色器"对话框中单击"颜色库"按钮，弹出"颜色库"对话框，如图 1-26 所示。在"颜色库"对话框中，"色库"选项的下拉列表中是一些常用的印刷颜色体系。其中"TRUMATCH"是为印刷设计提供服务的印刷颜色体系。

◆ 通过输入数值选择颜色：在"拾色器"对话框中，右侧下方的 HSB、RGB、CMYK、Lab 色彩模式后面，都有可以输入数值的数值框，在其中输入所需颜色的数值也可以得到希望的颜色。

勾选"拾色器"对话框左下方的"只有 Web 颜色"选项，颜色选择区中将出现供网页使用的颜色，在右侧的文本框中，显示的是网页颜色的数值，如图 1-27 所示。

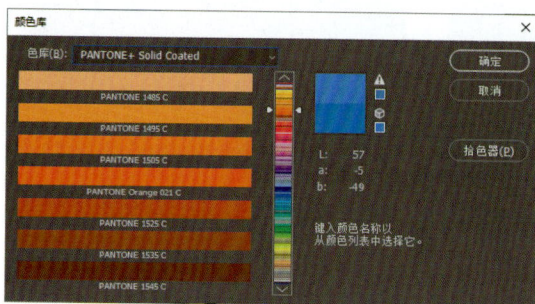

图 1-26　"颜色库"对话框

图 1-27　Web 安全色

2. 吸管工具

使用"吸管工具"可以在图像或"颜色"控制面板中吸取颜色，并可在"信息"控制面板中观察像素点的色彩信息。在"吸管工具"属性栏中，"取样大小"选项用于设定取样点的大小。

3. 使用"颜色"控制面板设置颜色

"颜色"控制面板可以用来改变前景色和背景色。选择"窗口—颜色"命令，或按【F6】键，系统将弹出"颜色"控制面板，如图 1-28 所示。

4. 使用色板

"色板"控制面板可以用来选取一种颜色以改变前景色或背景色。选择"窗口—色板"命令，系统将弹出"色板"控制面板，如图 1-29 所示。

在"色板"控制面板中，如果将鼠标光标移到颜色处，光标会变为吸管图标。此时，单击鼠标，将设置吸取的颜色为前景色。

5. 颜色填充

设置好前景色和背景色后，在工具箱中会显示当前设置好的颜色，如图 1-30 所示。

图 1-28　"颜色"控制面板　　　图 1-29　"色板"控制面板　　　图 1-30　前景色和背景色

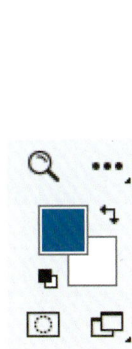

按【Alt + Delete】键用前景色填充当前图层或选择区。

按【Ctrl + Delete】键用背景色填充当前图层或选择区。

按【X】键可以交换前景色和背景色。

按【D】键恢复默认的黑白色。

1.3.6　恢复操作

在编辑图像的过程中可以随时将操作返回到上一步，也可以还原图像到恢复前的效果。

◆ 按【Ctrl + Z】键，可以恢复到图像的上一步操作。如果想还原图像到恢复前的效果，再次按【Ctrl + Z】键即可。

◆ 使用"历史记录"控制面板进行恢复。

当 Photoshop 正在进行图像处理时，按【Esc】键，即可中断正在进行的操作。

模块2 | 选区操作

知识目标

通过绘制显示器、卡通形象、时尚手机、城市插画四个任务，掌握图形图像基础知识，灵活进行选区创建、编辑修改、选区变换等相关操作；掌握图像绘制的方法和技巧，初步熟悉图层的应用技巧。

技能目标

具备独立使用 Photoshop 的选区工具进行图形创意绘制的能力，具备灵活使用图层面板新建图层、复制图层、删除图层、调节图层叠放次序的能力。

素养目标

培养学生团队协作、积极进取的精神，具有一定的审美观、鉴赏能力，具备一定的创意设计能力，具备良好的职业道德和沟通交流能力，具备独立思考和认真钻研的良好品质。

任务1 绘制显示器

本任务将使用"矩形选框工具"绘制"显示器"，任务效果如图 2-1 所示。

图 2-1　任务效果展示

通过本任务的学习，能够掌握"矩形选框工具"和"图层"的基本应用。

知识点讲解

2.1.1　矩形选框工具的基本操作

"矩形选框工具"作为最常用的选区工具，常用来绘制一些形状规则的矩形选区。单击工具箱中的"矩形选框工具"，按住鼠标左键在画布中拖动，即可创建一个矩形选区，如图 2-2 所示。

图 2-2　矩形选区

> **提示**
>
> 　　使用"矩形选框工具"创建选区时，有一些实用的小技巧，具体如下：按住【Shift】键的同时拖动，可创建一个正方形选区。按住【Alt】键的同时拖动，可创建一个以单击点为中心的矩形选区。按住【Alt + Shift】键的同时拖动，可以创建一个以单击点为中心的正方形选区。执行菜单栏中的"选择"—"取消选择"命令（【Ctrl + D】键）可取消当前选区（适用所有选区工具创建的选区）。

2.1.2　矩形选框工具选项栏

选择"矩形选框工具"后，可以在其选项栏的"样式"列表框中选择控制选框尺寸和比例的方式，如图 2-3 所示。

图 2-3　"矩形选框工具"属性栏

可以将"矩形选框工具"的"样式"设置为"正常""固定比例""固定大小"三种形式。

正常：默认方式，拖动鼠标可创建任意大小的选框。

固定比例：选择该选项后，可以在后面的"宽度"和"高度"框中输入具体的宽高比。绘制选框时，选框将自动符合该宽高比。

固定大小：选择该选项后，可以在后面的"宽度"和"高度"框中输入具体的宽高数值，以创建指定尺寸的选框。

2.1.3　图层的概念和分类

图层是 Photoshop 的核心功能之一，用户可以通过它随心所欲地对图像进行编辑和修饰。可以说，如果没有图层功能，设计人员将很难通过 Photoshop 处理出优秀的作品。

"图层"是由英文单词"layer"翻译而来，"layer"的原意即为"层"。使用 Photoshop 制作图像时，通常将图像的不同部分分层存放，并由所有的图层组合成复合图像，如图 2-4 所示。

创建矩形选区

图层的概念和分类

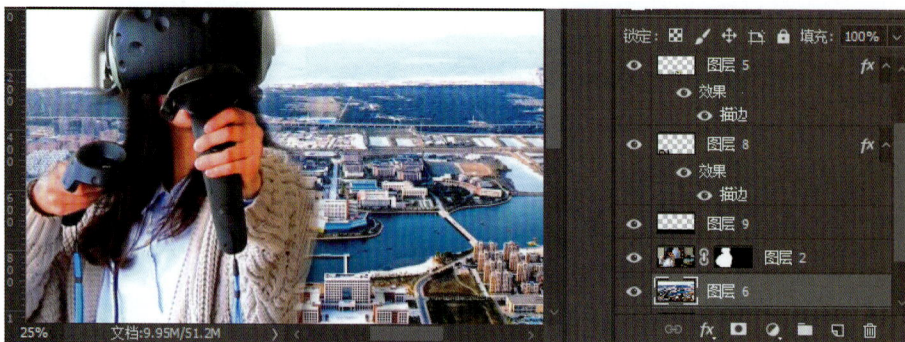

图 2-4 多个图层组成的图像

多图层图像的最大优点是可以单独处理某个元素，而不会影响图像中的其他元素。

在 Photoshop 中可以创建多种类型的图层，它们的显示状态和功能各不相同，具体解释如下：

（1）**背景图层**。当用户创建一个新的不透明图像文档时，会自动生成背景图层。默认情况下，背景图层位于所有图层之下，为锁定状态，不可以调节图层顺序和设置图层样式。双击背景图层时，可将其转换为普通图层。在 Photoshop 中，背景图层的显示状态如图 2-5 所示。

（2）**普通图层**。用户还可以通过复制现有图层或者创建新图层来得到普通图层。在普通图层中可以进行任何与图层相关的操作。在 Photoshop 中，新建的普通图层的显示状态如图 2-6 所示。

图 2-5 背景图层

图 2-6 普通图层

（3）**文字图层**。通过使用文字工具可以创建文字图层，文字图层不可设置滤镜效果或者应用图层样式，在 Photoshop 中文字图层的显示状态如图 2-7 所示。

（4）**形状图层**。通过形状工具和钢笔工具可以创建形状图层，在 Photoshop 中，形状图层的显示状态如图 2-8 所示。

图 2-7 文字图层

图 2-8 形状图层

2.1.4 图层的基本操作

对于图层操作，大部分可以通过图层面板来实现。

1. 创建图层

新建图层是指在"图层"面板中创建一个新的空白图层，并且新建的图层位于所选择图层的上方。创建图层之前，首先要新建或打开一个图像文档，便可以通过"图层"面板快速创建新图层，如图 2-9 所示，也可以通过菜单命令来创建新图层，如图 2-10 所示。

图层的基本操作

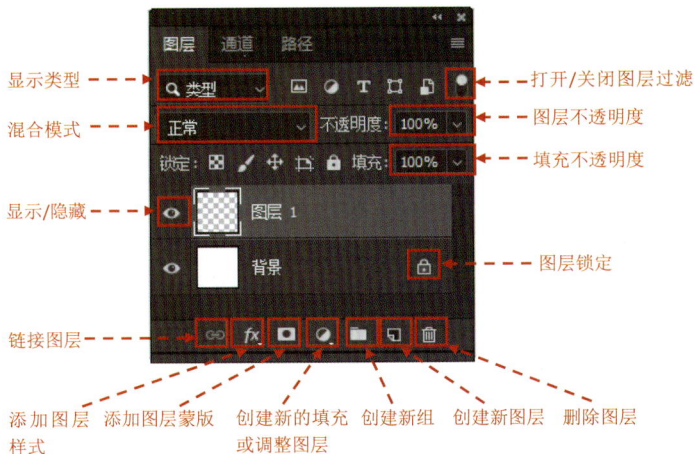

图 2-9　图层面板

图 2-10　创建新图层

按下【Ctrl + Shift + Alt + N】键可在当前图层的上方创建一个新图层。

2. 删除图层

为了尽可能地减小图像文件的大小，对于一些不需要的图层可以将其删除，具体方法如下：

◆ 选择需要删除的图层，拖动到图层面板底部的"删除图层"按钮上，即可完成图层的删除。

◆ 按下【Delete】键可删除被选择的图层。

3. 选择图层

制作图像时，如果想要对图层进行编辑，就必须选择该图层。在 Photoshop 中，选择图层的方法有多种：

◆ 选择一个图层：在图层面板中单击需要选择的图层。

◆ 选择多个连续图层：单击第一个图层，然后按住【Shift】键单击最后一个图层。

◆ 选择多个不连续图层：按住【Ctrl】键，依次单击需要选择的图层。

◆ 取消某个被选择的图层：按住【Ctrl】键，单击已经选择的图层。

◆ 取消所有被选择的图层：在图层面板最下方的空白处单击，即可取消所有被选择的图层。

2.1.5　移动工具

移动工具用于对当前图层或选区中内容进行位置移动，在实际使用时，可以实现内容复制和查询选择内容所在图层的操作。打开包含多个图层的文件，按【V】键，在属性栏设置参数为"自动选择：图层"，单击选择当前页面中的内容，在图层列表中会自动选择对象所在的图层。

选择"移动工具"后，选中目标图层，使用鼠标左键在画布上拖动，即可将该图层移动到画布中的任何位置。

使用"移动工具"时，有一些实用的小技巧，具体如下：

◆ 按住【Shift】键不放，可使图层沿水平、竖直或 45 度的方向移动。

◆ 按住【Alt】键的同时，移动图层，可对图层进行移动复制。

◆ 在"移动工具"状态下，按住【Ctrl】键不放，在画布中单击某个元素，可快速选中该元素所在的图层。

选择"移动工具"后，可通过其选项栏中的"对齐"及"分布"选项，快速对多个选中的图层执行"对齐"或"分布"操作，如图 2-11 所示。

图 2-11 "移动工具"属性栏

2.1.6 前景色和背景色

在 Photoshop 工具箱的底部有一组设置前景色和背景色的图标。该图标组可用于设置前景色和背景色,进而进行填充等相关操作,如图 2-12 所示。

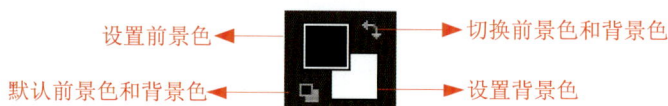

图 2-12 前景色和背景色设置图标

(1)设置前景色:该色块所显示的颜色是当前所使用的前景色。单击该色块,将弹出图 2-13 所示的"拾色器(前景色)"对话框。在"色域"中拖动鼠标可以改变当前拾取的颜色,拖动"颜色滑块"可以调整颜色范围。按下【Alt + Delete】键可直接填充前景色。

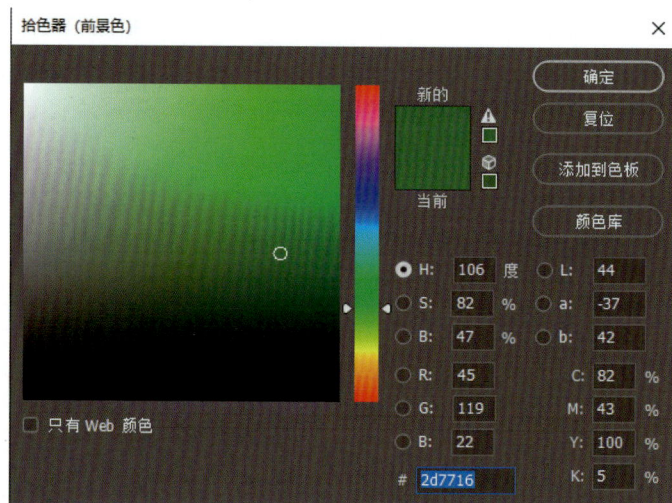

图 2-13 "拾色器(前景色)"对话框

(2)设置背景色:该色块所显示的颜色是当前所使用的背景色。单击该色块,将弹出"拾色器(背景色)"对话框,可进行背景色设置。按下【Ctrl + Delete】键可直接填充背景色。

(3)切换前景色和背景色:单击该按钮(【X】键),可将前景色和背景色互换。

(4)默认前景色和背景色:单击该按钮(【D】键),可恢复默认的前景色和背景色,即前景色为黑色,背景色为白色。

2.1.7 油漆桶工具

油漆桶工具 用于对图像填充前景或图案，但是它不能应用于位图模式的图像。在工具箱中选择油漆桶工具后，其属性栏的设置如图 2-14 所示。

图 2-14 "油漆桶工具"属性栏

单击"前景"右侧的按钮，可以在下拉列表中选择填充内容，包括"前景色"和"图案"。调整"不透明度"可以设置所填充区域的不透明度。

自定义图案操作如下：

打开素材，选择矩形选框工具，框选需要部分，如图 2-15 所示。

执行"编辑—定义图案"命令，弹出对话框，重命名图案的名称，如图 2-16 所示。

图 2-15 选择图案

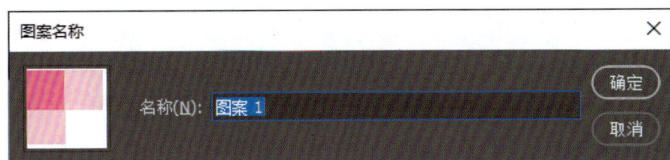

图 2-16 定义图案

新建矩形选区，填充图案，图案属性工具栏中选择"图案 6"进行填充，设置如图 2-17 所示，效果如图 2-18 所示。

图 2-17 图案设置

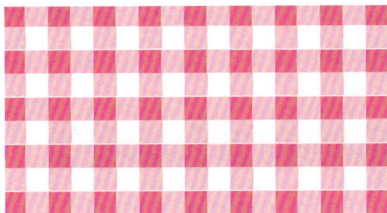

图 2-18 图案填充效果

2.1.8 自由变换

制作图像时，常常需要调整某些图层对象的大小，这时就需要使用"自由变换"命令。选中需要变换的图层对象，执行"编辑—自由变换"命令（【Ctrl + T】键），图层对象的四周会出现带有角点的框（一般称之为"定界框"），如图 2-19 所示。

用户可以根据需要，拖动定界框的边点或角点，进而调整

图 2-19 自由变换

变换图像

图层对象的大小，具体操作如下：

（1）**自由缩放**：将鼠标移动至"定界框边点"或"定界框角点"处，待光标变为 ↖↘ 状，按住鼠标左键不放，拖动鼠标即可调整图层对象的大小。

（2）**等比例缩放**：按住【Shift】键。

2.1.9　水平翻转和垂直翻转

"变换"操作中提供了"水平翻转"和"垂直翻转"命令，常用于制作"镜像"和"倒影"效果。按下【Ctrl + T】键调出定界框，接着单击鼠标右键，在弹出的菜单中选择"水平翻转"或"垂直翻转"命令，即可对图像进行水平翻转或垂直翻转，如图 2-20 所示。

原图　　　　　　　　　　水平翻转　　　　　　　　　　垂直翻转

图 2-20　水平翻转和垂直翻转

任务实施

1. 绘制显示器外壳

Step 1：执行"文件—新建"命令（【Ctrl + N】键）调出"新建"对话框。设置宽度为 800 像素、高度为 600 像素、分辨率为 72 像素 / 英寸，颜色模式为 RGB 颜色，背景内容为白色，单击"确定"按钮，完成画布的创建。

Step 2：执行"文件—存储为"命令（【Ctrl + Shift + S】键），以名称"【案例 1】显示器 .psd"保存图像，即可生成一个"psd"格式的文件，如图 2-21 所示。

图 2-21　"psd"格式的文件

Step 3：选择图层面板下方的"创建新图层"按钮 ▣（【Ctrl + Shift + Alt + N】键）创建一个新图层。这时图层面板中会出现名称为"图层 1"的透明图层，如图 2-22 所示。

Step 4：选择工具箱中的"矩形选框工具" ▣（【M】键），在画布中绘制一个图 2-23 所示的矩形选区。

图 2-22　创建新图层

新创建的透明图层

"创建新图层"按钮

图 2-23　创建矩形选区

Step 5：选择工具箱中的"油漆桶工具" ，在选区所在的区域单击鼠标左键（【Alt + Delete】键填充黑色前景色），效果如图 2-24 所示。

Step 6：执行"选择—取消选择"命令（【Ctrl + D】键）取消选区，效果如图 2-25 所示。

2. 绘制显示器屏幕

Step 7：按下【Ctrl + Shift + Alt + N】键新建"图层 2"。接着在外壳上合适的位置，绘制一个比外壳略小的矩形选区，如图 2-26 所示。

图 2-24　填充选区　　　图 2-25　显示器外壳　　　图 2-26　绘制矩形选区

Step 8：单击工具箱中的"设置前景色"图标 ，在弹出的"拾色器（前景色）"对话框中拖动光标，将前景色设置为灰色，单击"确定"按钮，如图 2-27 所示。

Step 9：按下【Alt + Delete】键填充灰色前景色，接着按下【Ctrl + D】键取消选区，效果如图 2-28 所示。

图 2-27　设置前景色

图 2-28　填充灰色前景色

3. 绘制显示器支架、底座、开关

Step 10：单击工具箱中的"默认前景色和背景色"按钮 （【D】键），重置前景色和背景色。

这时前景色恢复为默认的黑色，背景色恢复为默认的白色。重置前后的对比效果如图2-29所示。

Step 11：按下【Ctrl + Shift + Alt + N】键新建"图层3"。
接着绘制一个大小合适的矩形选区，按下【Alt + Delete】
键填充黑色前景色，接着按下【Ctrl + D】键取消选区，作
为显示器支架。

Step 12：按下【Ctrl + Shift + Alt + N】键新建"图层4"。

图 2-29　默认前景色和背景色

接着绘制一个稍长的矩形选区，按下【Alt + Delete】键填充黑色前景色，按下【Ctrl + D】键取消选区，
作为显示器底座。

Step 13：按下【Ctrl + Shift + Alt + N】键新建"图层5"。接着绘制一个较小的矩形选区，设
置前景色为红色，按下【Alt + Delete】键填充颜色，然后按下【Ctrl + D】键取消选区，作为显示器
开关。

至此，得到的绘制效果如图2-30所示。

Step 14：分别选中"开关""支架"和"底座"所在的图层，使用"移动工具"将它们移
动至合适的位置，如图2-31所示。

Step 15：选中所有图层（方法：按住【Ctrl】键不放，使用鼠标左键依次点选图层），执行菜
单栏中的"图层—对齐—水平居中"命令，使页面中的元素水平居中排列，效果如图2-32所示。

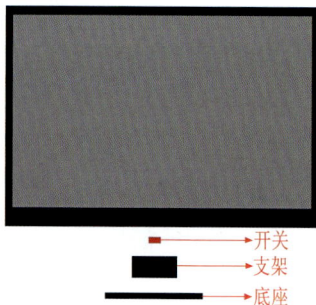

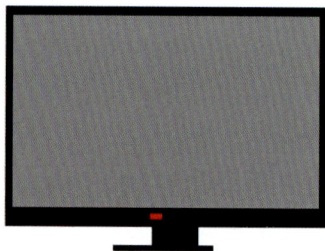

图 2-30　显示器开关、支架和底座　　图 2-31　移动开关、支架和底座　　图 2-32　移动和对齐图层

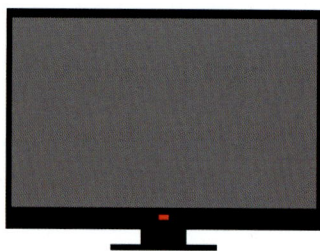

4. 制作显示器画面

Step 16：执行"文件—打开"命令（【Ctrl + O】键），打开素材图片。选择"移动工具"，
将素材拖动至"显示器"画布上，得到"图层6"，如图2-33所示。

Step 17：执行菜单栏中的"编辑—自由变换"命令（【Ctrl + T】键），接着按下【Ctrl + "-"】
键缩小画布，将发现画面四周出现了带有角点的框（一般称之为"定界框"），如图2-34所示。

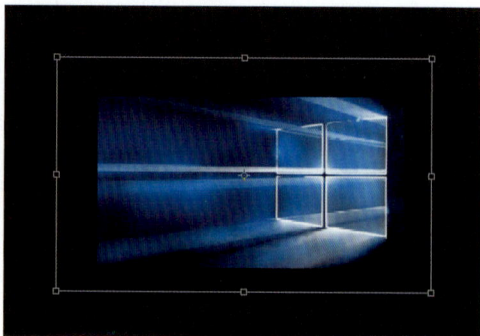

图 2-33　调入素材　　　　　　　　图 2-34　定界框效果

Step 18：按住【Alt + Shift】键不放，用鼠标分别拖动定界框的四个角点，将素材图像缩放到合适的大小，如图 2-35 所示。

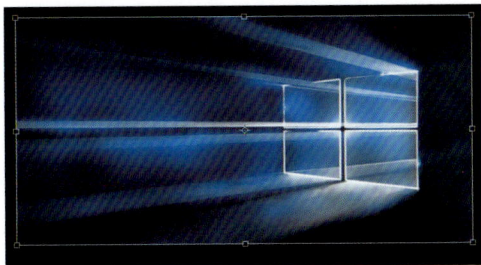

图 2-35　缩放素材图像

最后完成的效果如图 2-1 所示。

拓展任务　**制作包装盒立体效果（图 2-36）**

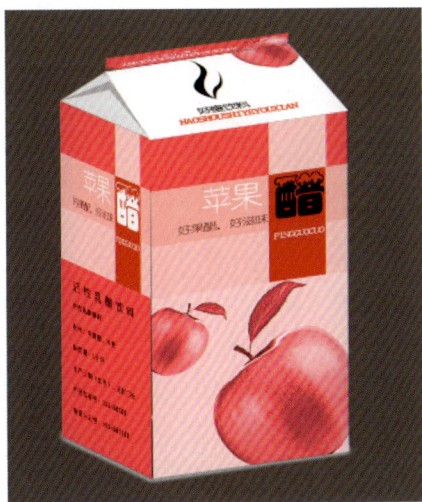

图 2-36　包装效果

任务 2   绘制卡通形象

本任务将使用"椭圆选框工具"绘制一个卡通形象，如图 2-37 所示。通过本任务的学习，将学习到"椭圆选框工具"以及"图层"的复制与排序。

图 2-37   任务效果展示

知识点讲解

2.2.1   椭圆选框工具的基本操作

使用椭圆选框工具，可以绘制椭圆形及正圆形选区，其属性栏中的选项及功能与矩形选框工具基本相同。

将鼠标定位在"矩形选框工具"上，单击鼠标右键，会弹出选框工具组。这时，使用鼠标左键单击工具组中的第 2 项"椭圆选框工具"，即可选中"椭圆选框工具"。

选中"椭圆选框工具"后，摁住鼠标左键在画布中拖动，即可创建一个椭圆选区，如图 2-38 所示。

使用"椭圆选框工具"创建选区时，有一些实用的小技巧，具体如下：

◆ 按住【Shift】键的同时拖动，可创建一个正圆选区。

◆ 按住【Alt】键的同时拖动，可创建一个以单击点为中心的椭圆选区。

图 2-38   椭圆选区

◆ 按住【Alt + Shift】键的同时拖动，可以创建一个以单击点为中心的正圆选区。

图 2-39 所示为"椭圆选框工具"▢ 的属性栏。

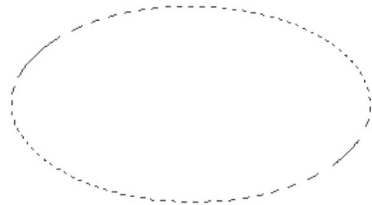

创建椭圆选区

○ ▾ | ▢ ▣ ▣ ▣ | 羽化：0 像素 | ☑消除锯齿 | 样式：正常 ▾ | 宽度： ⇄ 高度： | 调整边缘…

图 2-39   "椭圆选框工具"的属性栏

与矩形选框工具的区别在于，椭圆选框工具多了一个"消除锯齿"选项。

勾选"消除锯齿"后，Photoshop 会在选区边缘 1 个像素的范围内添加与周围图像相近的颜色，使选区看上去光滑，如图 2-40 所示。

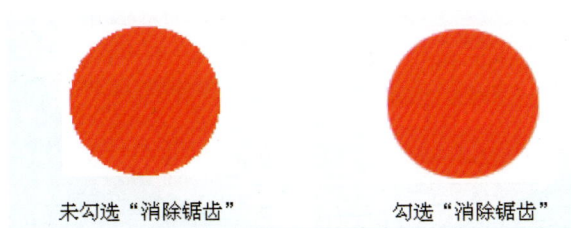

未勾选"消除锯齿"　　　　勾选"消除锯齿"

图 2-40　"消除锯齿"选项

2.2.2　选区的运算

在图像中绘制或获取选区后，可以通过选框工具创建新选区，并与已存在的旧选区之间进行运算。选择选框工具后，在工具属性栏中提供了"新选区""添加到选区""从选区减去"和"与选区交叉"运算按钮，如图 2-41 所示。

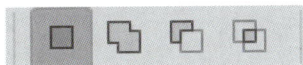

图 2-41　选区运算

"添加到选区"：可在原有选区的基础上添加新的选区。选择"添加到选区"按钮后（【Shift】键），当绘制一个选区后，再绘制另一个选区，则两个选区同时保留。如果两个选区之间有交叉区域，则会形成叠加在一起的选区，如图 2-42 所示。

添加圆形选区　　　　　　添加圆形选区

图 2-42　添加到选区

从选区减去："从选区减去"可在原有选区的基础上减去新的选区。选择"从选区减去"按钮后（【Alt】键），可在原有选区的基础上减去新创建的选区部分，如图 2-43 所示。

与选区交叉："与选区交叉"用来保留两个选区相交的区域。选择"与选区交叉"按钮后（【Alt + Shift】键），画面中只保留原有选区与新创建的选区相交的部分，如图 2-44 所示。

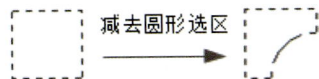

减去圆形选区　　　　　　与圆形选区交叉

图 2-43　从选区减去　　　图 2-44　与选区交叉

2.2.3　图层的复制

一个图像中经常会包含两个或多个完全相同的元素，在 Photoshop 中可以对图层进行复制来得到相同的元素。复制图层的方法有多种，具体如下：

（1）在图层面板中，将需要复制的图层拖动到"创建新图层"按钮 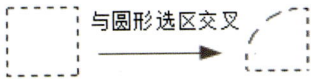 上，即可复制该图层，

如图 2-45 所示。

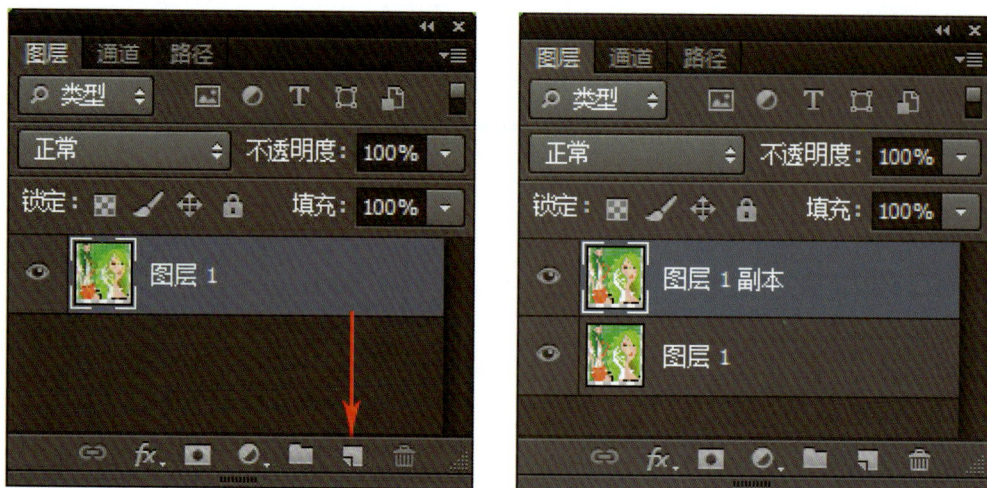

图 2-45　图层的复制

（2）对当前图层应用【Ctrl + J】键，可复制当前图层。

2.2.4　图层的排列

在图层面板中，图层是按照创建的先后顺序堆叠排列的。将一个图层拖动到另外一个图层的上面(或下面)，即可调整图层的堆叠顺序。改变图层顺序会影响图层的显示效果，如图 2-46、图 2-47所示。

图 2-46　"图层 2"位于"图层 1"之上

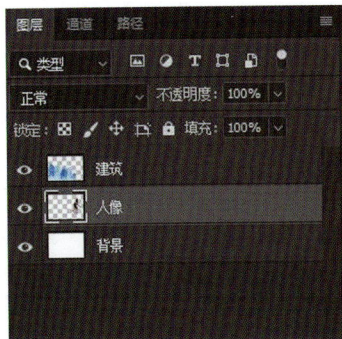

图 2-47　调整"图层 2"和"图层 1"的顺序

2.2.5　撤销操作

在绘制和编辑图像的过程中，经常会出现失误或对创作的效果不满意。当希望恢复到前一步或原来的图像效果时，可以使用撤销操作命令：

（1）撤销上一步操作。执行"编辑—还原"命令（【Ctrl + Z】键），可以撤销对图像所做的最后一次修改，将其还原到上一步编辑状态。如果想要取消"还原"操作，再次按下【Ctrl + Z】键即可。

（2）撤销或还原多步操作。"编辑—还原"命令只能还原一步操作，如果想要连续还原，可连续执行"编辑—后退一步"命令（【Alt + Ctrl + Z】键），逐步撤销操作。

如果想要恢复被撤销的操作，可连续执行"编辑—前进一步"命令（【Alt + Shift + Z】键）。

任务实施

1. 绘制外部轮廓

Step 1：按下【Ctrl + N】键，调出"新建"对话框。设置宽度为 480 像素、高度为 400 像素、分辨率为 72 像素 / 英寸、颜色模式为 RGB 颜色、背景内容为白色，单击"确定"按钮，完成画布的创建。

Step 2：执行"文件—存储为"命令，以名称"【案例 2】卡通形象 .psd"保存图像。

Step 3：按下【Ctrl + Shift + Alt + N】键新建图层，并命名为"头"。将鼠标定位在矩形选框上，单击鼠标右键，会弹出选框工具组，如图 2-48 所示。这时，使用鼠标左键单击工具组中的第 2 项"椭圆选框工具" ，即可选中"椭圆选框工具" 。

Step 4：按住【Shift】键不放，在画布上拖动鼠标，可绘制正圆选区，如图 2-49 所示。

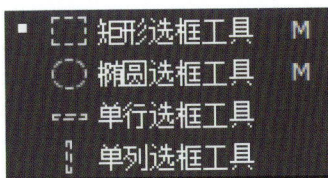

图 2-48　选框工具组

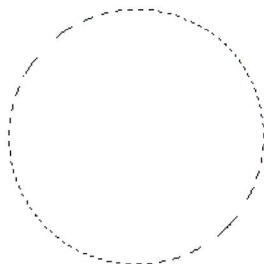

图 2-49　创建正圆选区

Step 5：设置前景色为 #a25c38，按下【Alt + Delete】键为选区填充颜色，如图 2-50 所示。

Step 6：按下【Ctrl + D】键取消选区。隐藏"头"图层。接着按下【Ctrl + Shift + Alt + N】键新建"图层 2"，继续按住【Shift】键不放，使用"椭圆选框工具" 绘制正圆选区。然后按下【Alt + Delete】键为选区填充前景色 #a25c38，如图 2-51 所示。

Step 7：新建"图层 3"，设置前景色为 f1c385，继续按住【Shift】键不放，使用"椭圆选框工具" 绘制正圆选区（比上一步画的圆小一些）。然后按下【Alt + Delete】键为选区填充前景色，如图 2-52 所示。

图 2-50   填充颜色 1   图 2-51   填充颜色 2   图 2-52   填充颜色 3

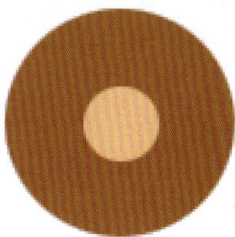

Step 8：将图层 2 和图层 3 合并，并命名为"左耳"，显示"头"图层，并将左耳图层移动到图层"头"下面，效果如图 2-53 所示。

Step 9：选中"左耳"图层，单击鼠标右键，执行"复制图层"命令（【Ctrl + J】键），即可生成。使用"移动工具" 将"左耳副本"图层调整到右侧合适位置，作为卡通形象的右耳，如图 2-54 所示。

图 2-53   移动"左耳"图层   图 2-54   外部轮廓

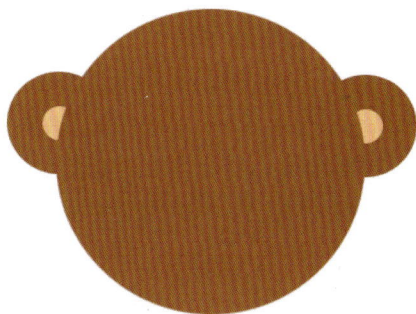

2. 绘制内部轮廓

Step 10：按下【Ctrl + Shift + Alt + N】键新建"图层 4"，并命名为"脸"，接着使用"椭圆选框工具" 绘制椭圆选区。将前景色设置为白色，按下【Alt + Delete】键将椭圆选区填充为前景色，如图 2-55 所示。

Step 11：按下【Ctrl + D】键取消选区。按下【Ctrl + J】键对"脸"图层进行复制，得到"脸副本"。按住【Shift】键不放，使用"移动工具" 将其移动至合适的位置，如图 2-56 所示。

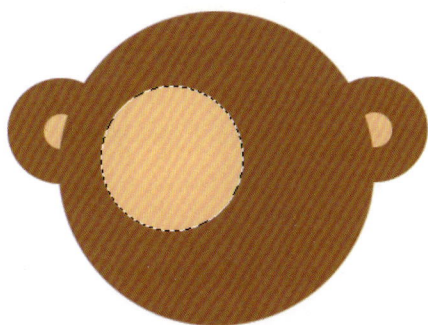

图 2-55　填充椭圆选区

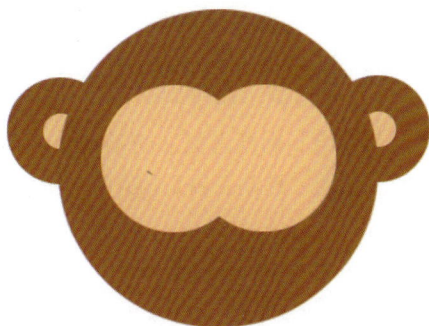

图 2-56　移动"脸副本"

　　Step 12：按下【Ctrl + Shift + Alt + N】键新建"图层 4"，并在"图层 4"上继续绘制椭圆图形。使用"移动工具" 将"图层 4"移动至合适的位置，如图 2-57 所示。

　　Step 13：绘制眼睛。按下【Ctrl + Shift + Alt + N】键新建"图层 5"，接着使用"椭圆选框工具" 绘制椭圆选区，并利用"变换选区"命令，调整合适的方向。将前景色设置为白色，按下【Alt + Delete】键将椭圆选区填充为白色，如图 2-58 所示。

图 2-57　移动"图层 4"

图 2-58　填充"图层 5"

　　Step 14：新建图层，选择椭圆选择工具，按住【Shift】键不放，绘制一个圆，填充 #3e2113，使用"移动工具" 将其移动至合适的位置，如图 2-59 所示。

　　Step 15：新建图层，选择椭圆选择工具，按住【Shift】键不放，绘制一个圆，填充白色，使用"移动工具" 将其移动至合适的位置，如图 2-60 所示。

图 2-59　绘制眼睛

图 2-60　继续绘制眼睛

Step 16：利用同样的方法绘制右眼，完成的效果如图 2-61 所示。

Step 17：绘制"鼻子"。按下【Ctrl + Shift + Alt + N】键新建"图层"，接着使用"椭圆选框工具" ⬭ 绘制椭圆选区。将前景色设置为 #3e2113，按下【Alt + Delete】键将椭圆选区填充为 #3e2113。使用"移动工具" ⊕ 将"图层"移动至合适的位置，如图 2-62 所示。

图 2-61　眼睛完成

图 2-62　绘制鼻子

Step 18：绘制"嘴"。按下【Ctrl + Shift + Alt + N】键新建"图层"，接着使用"椭圆选框工具"绘制图 2-63 所示的选区。将前景色设置为白色，按下【Alt + Delete】键将矩形选区填充为白色，如图 2-63 所示。

Step 19：取消选区，选择椭圆选择工具，绘制图 2-64 所示的选区，按下【Delete】键对选区进行删除，将"图层"命名为"嘴"，如图 2-64 所示。

图 2-63　绘制"图层 7"

图 2-64　移动"图层 7 副本"

Step 20：按住【Ctrl】键并单击"嘴"图层的缩略层，载入"嘴"的选区，选择"椭圆选择工具"，并选中属性栏上的"从选区中减去"按钮 ⬚，新建一个图层，设置前景色为 #cb844c，并填充。将图层命名为"嘴 1"，如图 2-65 所示。

Step 21：按住【Ctrl】键并单击"嘴 1"图层的缩略层，载入"嘴"的选区，选择"椭圆选择工具"，并选中属性栏上的"与选区交叉"按钮 ⬚，新建一个图层，设置前景色为 #e78f84，并填充。将图层命名为"舌头"，如图 2-66 所示。

图 2-65 绘制嘴

图 2-66 绘制舌头

完成后的效果如图 2-37 所示。

拓展任务 绘制奥运五环（图 2-67）

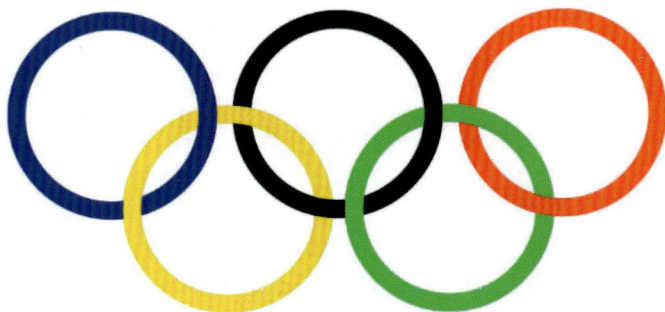

图 2-67 奥运五环

任务 3　绘制时尚手机

本任务将绘制一款时尚手机，如图 2-68 所示。通过本任务的学习，学生能够掌握置入图像、栅格化图层、选区的修改、羽化选区以及背景色的填充等相关知识。

图 2-68　任务效果展示

知识点讲解

修改选区：使用菜单栏中的"选择—修改"命令，对选区进行各种修改，主要包括"边界""平滑""扩展""收缩"和"羽化"。

1. 创建边界选区

在图像中创建选区，执行"选择—修改—边界"命令，可以将选区的边界向内部和外部扩展。在"边界选区"对话框中，"宽度"用于设置选区扩展的像素值，例如，将"宽度"设置为 30 像素时，原选区会分别向外和向内扩展 15 像素，如图 2-69 所示。

建立选区　　　　　　　　边界选区效果

图 2-69　建立边界选区

2．平滑选区

创建选区后，执行"选择—修改—平滑"命令，打开平滑选区对话框，在"取样半径"选项中设置数值，可以让选区变得更加平滑，如图 2-70 所示。

图 2-70　平滑选区

3．扩展与收缩选区

创建选区后，执行"选择—修改—扩展"命令，打开"扩展选区"对话框，输入"扩展量"可以扩展选区范围，如图 2-71 所示。

建立选区　　　　　　　　扩展选区效果

图 2-71　扩展选区

执行"选择—修改—收缩"命令，则可以收缩选区范围，如图 2-72 所示。

建立选区　　　　　　　　收缩选区效果

图 2-72　收缩选区

4．羽化选区

"羽化"命令（【Shift + F6】键）用于对选区进行羽化。羽化是通过建立选区和选区周围像素之间的转换边界来模糊边缘的，这种模糊方式会丢失选区边缘的一些图像细节。

创建选区后，执行"选择—修改—羽化"命令，打开"羽化"对话框，设置"羽化半径"值为 20 像素，然后按下【Ctrl + J】键选取图像，隐藏背景层，查看选取的图像，效果如图 2-73 所示。

图 2-73　羽化效果

任务实施

1. 置入手机屏保

Step 1：按下【Ctrl + N】键，调出"新建"对话框。设置宽度为 600 像素、高度为 800 像素、分辨率为 72 像素/英寸，颜色模式为 RGB 颜色、背景内容为白色，单击"确定"按钮，完成画布的创建。

Step 2：执行"文件—存储为"命令，以名称"【案例 3】时尚手机 .psd"保存图像。

Step 3：将素材图片"手机桌面"拖入画布中，然后，双击图片置入图片素材，效果如图 2-74、图 2-75 所示。

Step 4：选中素材图片所在的图层，单击鼠标右键，在弹出的菜单中，执行"栅格化图层"命令，如图 2-76 所示。此时，素材图片所在的图层由"智能对象"转换为"普通图层"。

Step 5：设置前景色为粉色（#ff7690）。选中"背景层"，按下【Alt + Delete】键为背景层填充粉色，效果如图 2-77 所示。

图 2-74　打开图标素材　　图 2-75　置入图片素材　　图 2-76　执行"栅格化图层"命令　　图 2-77　填充背景层

2. 绘制手机外壳

Step 6：按下【Ctrl + Shift + Alt + N】键新建"图层 1"，选择"矩形选框工具" ▦ 绘制一个矩形选区。

Step 7：执行"选择—修改—平滑"命令，在弹出的"平滑选区"对话框中，设置"取样半径"为 20 像素，如图 2-78 所示。

Step 8：单击"确定"按钮，此时，矩形选区的形状将会发生变化，如图 2-79 所示。

Step 9：按下【Ctrl + Delete】键将"图层 1"填充为白色，接着按下【Ctrl + D】键取消选区，效果如图 2-80 所示。然后，选中"所有图层"，在选项栏中执行"垂直居中对齐" 和"水平居中对齐" 命令。

3. 绘制摄像头、听筒及主键

Step 10：按下【Ctrl + Shift + Alt + N】键新建"图层 2"。选择"椭圆选框工具" ，按住【Shift】键不放，在手机外壳上适当的位置绘制一个正圆选区，并填充为灰色，效果如图 2-81 所示。

图 2-78　设置"取样半径"　　图 2-79　设置"平滑"选区后效果　　图 2-80　填充"图层 1"　　图 2-81　绘制正圆

Step 11：按下【Ctrl + Shift + Alt + N】键新建"图层 3"，选择"矩形选框工具" 绘制一个小长方形选区。执行"选择—修改—平滑"命令，在弹出的"平滑选区"对话框中，设置"取样半径"为 3 像素，单击"确定"按钮，如图 2-82 所示。

Step 12：将选区填充为灰色，并按下【Ctrl + D】键取消选区。然后选中"图层 2"和"图层 3"，执行"垂直居中对齐" ，效果如图 2-83 所示。

Step 13：按下【Ctrl + Shift + Alt + N】键新建"图层 4"，选择"椭圆选框工具" ，按住【Shift】键不放绘制一个正圆，并填充为灰色（注意：不要取消选区）。然后，执行"选择—修改—收缩"命令，设置"取样量"为 3 像素，单击"确定"按钮，如图 2-84 所示。

Step 14：按下【Delete】键进行删除，接着按下【Ctrl + D】键取消选区，效果如图 2-85 所示。

4. 绘制侧边小按钮

Step 15：按下【Ctrl + Shift + Alt + N】键新建"图层 5"，选择"矩形选框工具" 绘制一个小长方形选区，并填充为白色，效果如图 2-86 所示。

Step 16：按下【Ctrl + J】键复制"图层 5"，得到"图层 5 副本"。按住【Shift】键不放，水平向下移动"图层 5 副本"至合适的位置，效果如图 2-87 所示。

Step 17：再次按下【Ctrl + J】键复制"图层 5 副本"，得到"图层 5 副本 2"。按住【Shift】键不放，水平向下移动"图层 5 副本 2"至合适的位置，效果如图 2-88 所示。

5. 制作手机阴影

Step 18：选中"图层 1"，并按下【Ctrl + Shift + Alt + N】键新建"图层 6"。选择"矩形选框工具" ，绘制一个与手机屏幕大小相同的长方形选区，执行"选择—修改—平滑"命令，设置"取样半径"为 20 像素，单击"确定"按钮，效果如图 2-89 所示。

图 2-82 "平滑"选区	图 2-83 对齐图层	图 2-84 绘制并填充正圆	图 2-85 删除正圆
图 2-86 绘制并填充选区	图 2-87 复制并移动图层	图 2-88 复制并移动图层	图 2-89 平滑选区

Step 19：执行"选择—修改—羽化"命令，设置"羽化半径"为 20 像素，单击"确定"按钮，如图 2-90 所示。

Step 20：设置前景色为黑色，按下【Alt + Delete】键填充选区，然后按下【Ctrl + D】键取消选区。效果如图 2-91 所示。

Step 21：将"图层 6"置于"图层 1"的下方，按下【Ctrl + T】键，使用"自由变换"命令调整阴影的范围，如图 2-92 所示。调整完成后，按下【Enter】键确定"自由变换"操作，效果如图 2-68 所示。

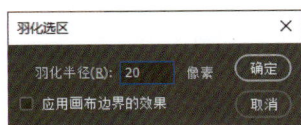

图 2-90　设置"羽化半径"　　　图 2-91　羽化选区后效果　　　图 2-92　自由变换

拓展任务　绘制卡通时钟（图 2-93）

图 2-93　卡通时钟

任务 4　绘制城市插画

本任务将通过一个城市插画的绘制（图 2-94），使学生掌握"多边形套索工具"和"选区变换"的使用。

图 2-94　任务效果展示

知识点讲解

2.4.1　多边形套索工具

"多边形套索工具" 用来创建一些不规则选区。在工具箱中选择"套索工具" 后，单击鼠标右键，会弹出套索工具组。这时，使用鼠标左键单击工具组中的第 2 项"多边形套索工具"，即可选择"多边形套索工具"，如图 2-95 所示。

选择"多边形套索工具"后，在画布中单击鼠标左键，鼠标指针会变成 形状，单击可确定起始点。接着，拖动光标至目标方向处依次单击，可创建新的节点，形成曲线。然后，拖动光标至起始点位置，当终点与起点重合时，这时，再次单击鼠标左键，即可创建一个闭合选区，如图 2-96 所示。

绘制多边形选区　　　　闭合多边形选区

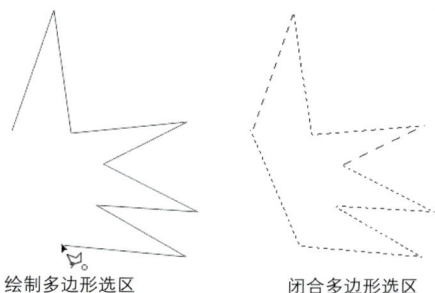

图 2-95　选择"多边形套索工具"　　　图 2-96　多边形套索工具

2.4.2　图层的合并

合并图层不仅可以节约磁盘空间、提高操作速度，还可以方便地管理图层。"图层"的合并主要包括"向下合并图层""合并可见图层"和"盖印图层"。

（1）**向下合并图层**。选中某一个图层后，执行"图层—向下合并"命令（【Ctrl + E】键），即可将当前图层及其下方的图层合并为一个图层，如图 2-97 所示。

（2）**合并可见图层**。选中某个图层后，执行"图层—合并可见图层"命令（【Shift + Ctrl + E】键），即可将所有可见图层合并到选中的图层中，如图 2-98 所示。

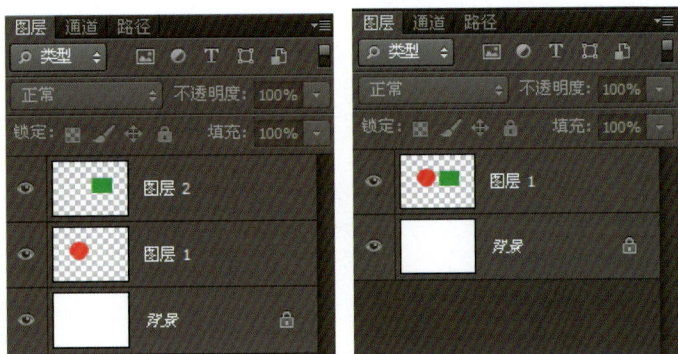

图 2-97　向下合并图层

图 2-98　合并可见图层

（3）**盖印图层**。"盖印图层"可以将多个图层内容合并为一个目标图层，同时使其他图层保持完好。按下【Shift + Ctrl + Alt + E】键可以盖印所有可见的图层。

任务实施

Step 1：按下【Ctrl + N】键，调出"新建"对话框。设置宽度为 800 像素、高度为 380 像素、分辨率为 72 像素 / 英寸，颜色模式为 RGB 颜色、背景内容为白色，单击"确定"按钮，完成画布的创建。

Step 2：执行"文件—存储为"命令，以名称"城市插画 .psd"保存图像。

Step 3：设置前景色为蓝色（#2074e5），用前景色填充背景，如图 2-99 所示。

Step 4：新建图层 1，选择椭圆选择工具，并选中"添加到选区"按钮，绘制云彩形状，下面再添加一个矩形选区，并填充白色，绘制完成的效果如图 2-100 所示。

图 2-99　城市插画效果展示

图 2-100　绘制云彩

Step 5：新建图层 2，选择多边形套索工具，绘制城市轮廓，如图 2-101 所示。

Step 6：设置前景色为 #41789f，填充城市选区，如图 2-102 所示。

图 2-101　绘制城市轮廓

图 2-102　填充城市选区

Step 7：按下【Ctrl + Shift + Alt + N】键，新建"图层"。设置前景色为白色，使用矩形选择工具绘制窗户，依次类推，将所有窗口绘制完后，将窗户图层合并，如图 2-103 所示。

图 2-103　绘制窗户

Step 8：按下【Ctrl + Shift + Alt + N】键，新建"图层"。设置前景色为灰色，使用多边形套索工具绘制飞机，最后完成的效果如图 2-94 所示。

拓展任务 　绘制城堡（图 2-104）

图 2-104 　城堡

测一测

测试项目 1 　绘制平面构成图（图 2-105）

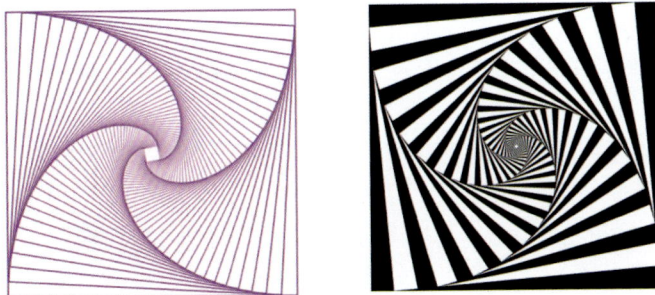

图 2-105 　平面构成

平面构成（一）

平面构成（二）

测试项目 2 　绘制齿轮（图 2-106）

图 2-106 　齿轮

模块3 渐变和文字工具

知识目标

通过绘制时尚煎锅、电商广告 banner 制作、秋装广告制作三个任务的学习，使学生熟悉渐变工具、文字工具的使用方法和技巧，熟悉五种渐变效果，掌握自定义渐变的方法，熟悉行文本、段落文本的排版设计。

技能目标

具备独立使用渐变工具实现渐变效果的能力，具备灵活使用文字工具进行图文设计的能力。

素养目标

培养学生团队协作、精益求精的精神，具有一定的创意设计能力，具备良好的职业道德和沟通交流能力，具备独立思考和认真钻研的良好品质。

任务 1　绘制时尚煎锅

本任务将通过一个时尚煎锅的绘制（图 3-1），使学生掌握"渐变工具"和"渐变编辑器"的使用。

绘制时尚煎锅

图 3-1　任务效果展示

知识点讲解

3.1.1　渐变工具

　　渐变工具可以创建多种颜色间的逐渐混合，用户可以在对话框中选择预设渐变颜色，也可以自定义渐变颜色。选择"渐变工具"（【G】键）后，需要先在其选项栏中选择一种渐变类型，并设置渐变颜色等选项，然后再来创建渐变（图3-2）。

渐变工具

图 3-2　渐变属性栏

　　为了更好地理解"渐变工具"，接下来对渐变选项进行讲解，具体如下：

　　：渐变颜色条中显示了当前的渐变颜色，单击它右侧的 ▾ 按钮，可以在打开的下拉面板中选择一个预设的渐变（图3-3）。

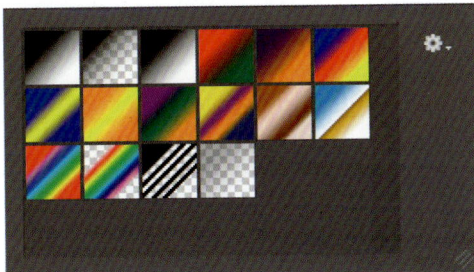

图 3-3　预设的渐变

　　渐变类型如下：

　　从左到右依次为线性渐变、径向渐变、角度渐变、对称渐变和菱形渐变。

　　线性渐变 ▢ 效果如图3-4所示。径向渐变 ▢ 效果如图3-5所示。角度渐变 ▨ 效果如图3-6所示。对称渐变 ▭ 效果如图3-7所示。菱形渐变 ▣ 效果如图3-8所示。

图 3-4　线性渐变

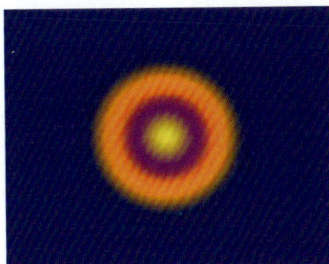

图 3-5　径向渐变

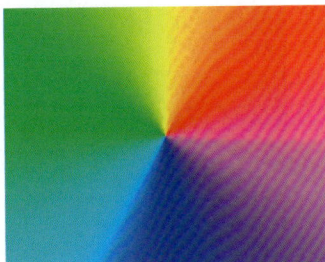

图 3-6　角度渐变

图 3-7 对称渐变

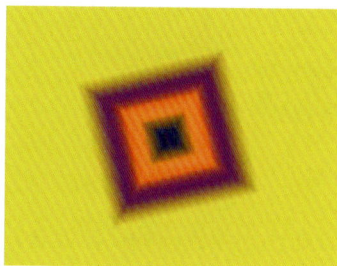

图 3-8 菱形渐变

渐变练习实例：绘制几何体（图 3-9）

图 3-9 几何体练习

3.1.2 渐变的编辑

（1）打开渐变编辑器，可添加颜色，拖曳滑块可删除颜色，双击色标可更改颜色。可以进行不透明度色标、色标属性的设置，如图 3-10 所示。

（2）将鼠标指针移至"渐变颜色条"的下方，当指针变为 形状后单击即可增加色标，如图 3-11 所示。

图 3-10 渐变编辑器

图 3-11 添加色标效果

（3）如果想删除某个色标，只需将该色标拖出对话框，或单击选中该色标，然后单击"渐变编辑器"窗口下方的"删除"按钮即可。

（4）双击添加的色标，将弹出"拾色器（色标颜色）"对话框，在该对话框中可以更改色标的颜色。

（5）在渐变颜色条的上方单击可以添加不透明度色标，通过"色标"栏中的"不透明度"和"位置"可以设置不透明度和不透明色标的位置，如图 3-12 所示。

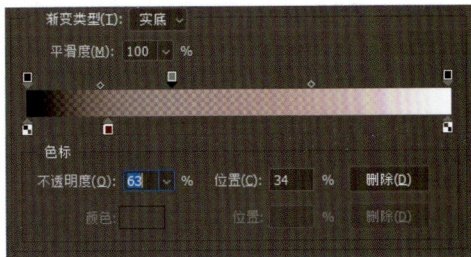

图 3-12　添加不透明度色标

3.1.3　杂色渐变

在"渐变编辑器"对话框中还可以设置杂色渐变，杂色渐变包含了在指定范围内随机分布的颜色。单击"渐变类型"右侧的三角形按钮，在下拉列表中即可选择"杂色"选项，如图 3-13 所示。

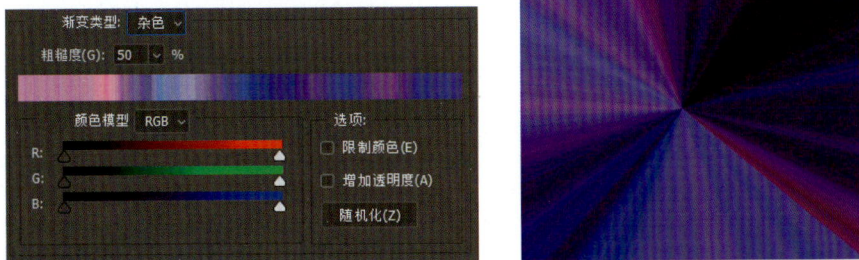

图 3-13　杂色渐变效果

3.1.4　载入渐变

在"渐变编辑器"对话框中还可以载入各种渐变颜色，单击渐变列表右上方的"载入"按钮，在弹出的菜单中包含了 Photoshop 提供的预设渐变库。选择其中一种样式将打开一个提示对话框，单击"确定"按钮，即可替换当前列表框中的渐变色，单击"追加"按钮即可将颜色添加在列表框后面，如图 3-14 所示。

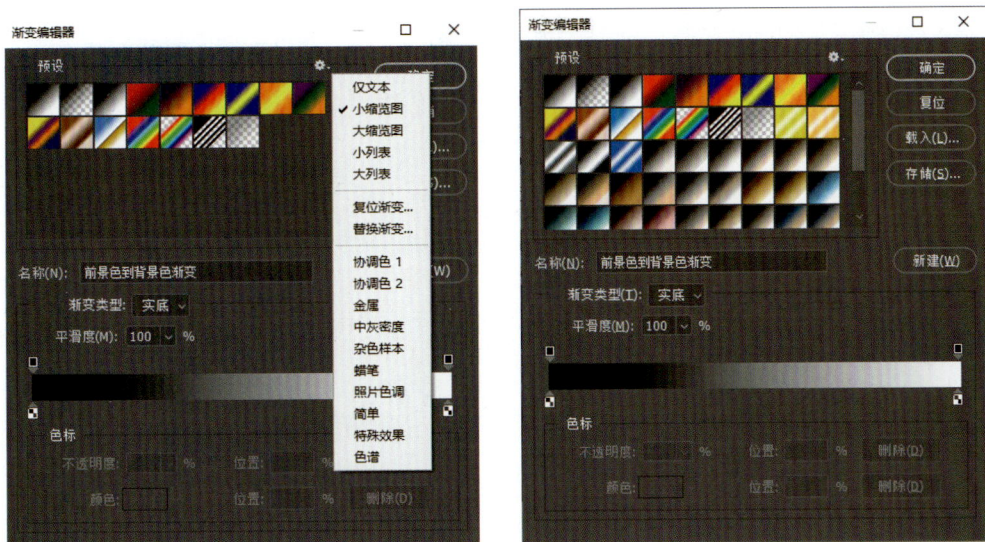

图 3-14　载入渐变

任务实施

Step 1：启动 Photoshop 软件，按【Ctrl + O】键，打开相关素材中的"美味 .jpg"文件，效果如图 3-15 所示。

Step 2：选择工具箱中的"渐变工具"，在工具选项栏中单击"线性渐变"按钮，单击渐变色条，弹出"渐变编辑器"对话框，这里给左下色标定义颜色为灰色（#8c8989），右下色标定义颜色为白色，如图 3-16 所示，完成设置后单击"确定"按钮。

图 3-15　打开背景素材

图 3-16　编辑渐变 1

Step 3：单击"图层"面板中的"创建新图层"按钮，创建新图层。选择工具箱中的"椭圆选框工具"，在新图层上创建一个正圆形选框，如图 3-17 所示。

Step 4：在工具箱中选择"渐变工具"并在画面中单击鼠标并按住左键朝右上方拖动，释放鼠标后，选区内填充定义的渐变效果，再按【Ctrl + D】键取消选择，如图 3-18 所示。

图 3-17　绘制圆形选区

图 3-18　添加渐变

Step 5：在工具选项栏中单击"径向渐变"按钮，再单击渐变色条，弹出"渐变编辑器"对话框。

在该对话框中将右下色标定义颜色为黑色，然后单击色条下方，添加一个灰色（#8c8989）的新色标。移动两个渐变色标中间的颜色中点，可调整该点两侧颜色的混合位置，如图 3-19 所示。

　　Step 6：单击"图层"面板中的"创建新图层"按钮，创建新图层。选择工具箱中的"椭圆选框工具"，在新图层上创建稍小的圆形选区，在圆心处单击并按住鼠标拖到边缘处后松开鼠标，给选区填充编辑后的渐变，按【Ctrl + D】键取消选择，效果如图 3-20 所示。

图 3-19　编辑渐变 2　　　　　　　　　　图 3-20　绘制渐变

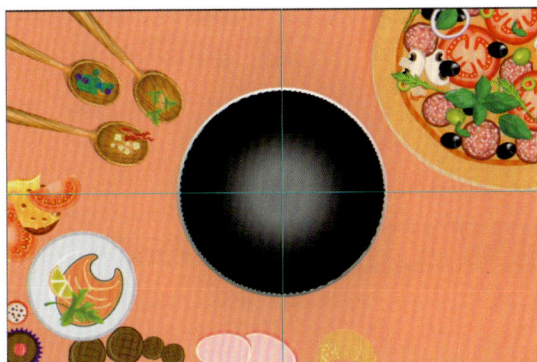

　　Step 7：继续编辑渐变，第一个色标 #45454a，第二个色标 #161a23，位置 7%，第三个色标 #464546，如图 3-21 所示。

　　Step 8：单击"图层"面板中的"创建新图层"按钮，创建新图层。选择工具箱中的"椭圆选框工具"，在新图层上创建稍小的圆形选区，在圆心处单击并按住鼠标拖到边缘处后释放鼠标，给选区填充编辑后的渐变，按【Ctrl + D】键取消选择，效果如图 3-22 所示。

图 3-21　渐变编辑器　　　　　　　　　　图 3-22　锅底效果

Step 9：用上述同样的方法，结合"矩形选框工具" ▢ 和"椭圆选框工具" ⬭ 创建选区并填充合适的渐变，完成煎锅的绘制，如图 3-23 所示。最终效果如图 3-1 所示。

图 3-23　绘制煎锅把手

拓展任务　绘制表情图标（图 3-24）

图 3-24　表情图标

设计思路：椭圆选框工具绘制脸、眼睛，布尔运算绘制嘴，渐变实现效果。

任务 2　电商广告 Banner 制作

本任务要完成电商广告 banner 的制作，效果展示如图 3-25 所示。

图 3-25　任务效果展示

知识点讲解

3.2.1　魔棒工具

"魔棒工具"是基于色调和颜色差异来构建选区的工具。它可以快速选择色彩变化不大，且色调相近的区域。选择"魔棒工具"（【W】键），在图像中单击，则与单击点颜色相近的区域都会被选中，如图 3-26 所示。

使用魔棒工具
创建选区

图 3-26　"魔棒工具"选择区域

在"魔棒工具"的属性栏中，通过"容差"和"连续"选项可以控制选区的精确度和范围，如图 3-27 所示。

图 3-27　"魔棒工具"的属性栏

◆ 容差：是指容许差别的程度。在选择相似的颜色区域时，容差值的大小决定了选择范围的大小，容差值越大则选择的范围越大。容差值默认为 32，用户可根据选择的图像不同而增大或减小容差值，如图 3-28 所示。

图 3-28 容差

◆ 连续：勾选此项时，只选择颜色连接的区域。取消勾选时，可以选择与鼠标单击点颜色相近的所有区域，包括没有连接的区域。

3.2.2 套索工具

使用"套索工具"可以创建不规则的选区。在工具箱中选择"套索工具"（【L】键）后，将鼠标移到待选区域的起点，按住鼠标左键，沿所需区域的边缘拖动鼠标，再拖动回到起点位置时释放鼠标，即可选取区域。如果中途松开鼠标，起点和终点将自动用直线连接，形成闭合的区域。

3.2.3 磁性套索工具

"磁性套索工具"会自动对光标经过的区域进行分析，找出图像中不同对象之间的边界，并沿着该边界制作出需要的选区。它是一种可以自动识别边缘的套索工具，对于边缘复杂但与背景对比强烈的对象，可以快速、准确地选取其轮廓区域。

在工具箱中选择"磁性套索工具" 🔲 后，将光标移至图像中并在要选择图像的边缘上单击鼠标左键定义起始点，然后沿要选取的图像边缘移动鼠标，当光标返回起始点时光标呈 🔲 形状，单击鼠标即可完成选区的创建，如图 3-29 所示。

图 3-29 磁性套索工具

"磁性套索工具"的属性栏如图 3-30 所示。

图 3-30   "磁性套索工具"的属性栏

◆ 宽度：用于设置利用"磁性套索工具"定义边界时，系统能够检测的边缘宽度，其值为 1～256 像素，值越小，检测范围越小。

◆ 对比度：用于设置套索的敏感度，其值为 1%～100%，值越大，对比度越大，边界定位也就越准确。

◆ 频率：用于设置定义边界时的节点数，其取值范围为 0～100，值越大，产生的节点也就越多。

◆ "钢笔压力"：设置绘图板的笔刷压力，该参数仅在安装了绘图板后才可使用。

3.2.4 快速选择工具

利用"快速选择工具"，可以使用圆形笔刷快速"画"出一个颜色相近的选区。在工具箱中选择"快速选择工具"后，然后在要选取的图像上单击并拖动鼠标，与鼠标拖动位置颜色相近的区域均被选取，如图 3-31 所示。

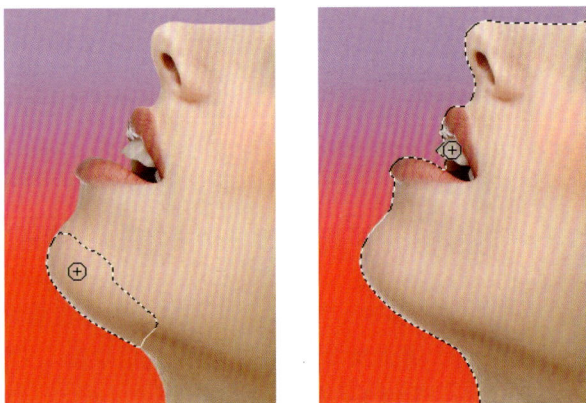

图 3-31   快速选择工具

3.2.5 文字工具

文字是多数设计作品，尤其是商业设计中不可或缺的重要元素，通过对文字的排版与设计，更能有效地表现设计主题。

1. "文字工具"选项栏

在平面设计中，文字的使用非常广泛。Photoshop 提供了 4 种输入文字的工具，分别是横排文字工具、直排文字工具、直排文字蒙版工具和横排文字蒙版工具，如图 3-32 所示。

图 3-32　文字工具

"横排文字工具"选项栏可以设置文字的字体、字号及颜色等，具体见其属性栏，如图 3-33 所示。

图 3-33　"横排文字工具"属性栏

其中，各选项说明如下：

◆ "切换文本取向"按钮 ：可将输入好的文字在水平方向和垂直方向间切换。
◆ "设置字体系列" ：单击下拉列表框，可以进行文字字体的选择。
◆ "设置字体大小" ：单击下拉列表框，可选择文字字体大小，也可直接输入数值。
◆ "设置消除锯齿的方式" ：用来设置是否消除文字的锯齿边缘，以及用什么方式消除文字的锯齿边缘。
◆ "设置文本对齐"按钮 ：用来设置文字的对齐方式。
◆ "设置文本颜色"按钮 ：单击即可调出"拾色器（文本颜色）"对话框，用来设置文字的颜色。
◆ "创建文字变形"按钮 ：单击即可调出"变形文字"对话框。
◆ "切换字符和段落面板"按钮 ：单击即可调出"字符"和"段落"面板。

2. 文字输入

输入单行文字：选择工具箱中的"横排文字工具"，在选项栏中设置各项参数。在图像窗口中单击，会出现一个闪烁的光标，此时，进入文本编辑状态，在窗口中输入文字。单击选项栏上的"提交当前所有编辑"按钮（【Ctrl + Enter】键），完成文字的输入。

3. 段落文本

选择工具箱中的"横排文字工具"，在选项栏中设置各项参数。在画布上，按住鼠标左键并拖动，将创建一个定界框，且其中会出现一个闪烁的光标。在定界框内输入文字，按下【Ctrl + Enter】键，完成段落文本的创建。

⊃ 任务实施

Step 1：新建 1 190 像素宽、650 像素高、分辨率为 72 的文档，设置背景色为浅绿色［RGB（204，249，172）］，如图 3-34 所示。

Step 2：按【Ctrl + O】键打开素材 3.png，并拖动到当前窗口中，设置图层不透明度为 30%，如图 3-35 所示。

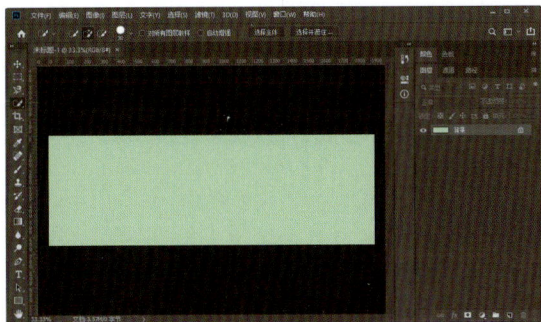

图 3-34　新建文档

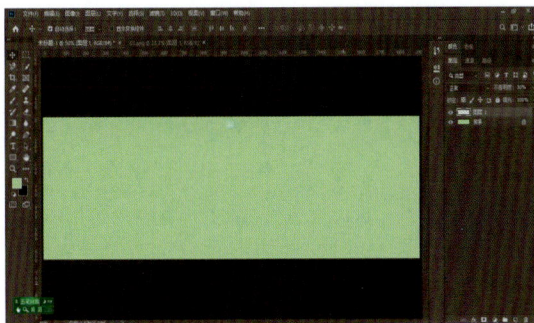

图 3-35　打开素材

Step 3：打开 02.jpg 文件，根据所给素材的情况，选择魔棒工具，将蔬菜叶选取出来，复制粘贴到当前文档中，并调整好位置和大小，如图 3-36 所示。

Step 4：打开 01.jpg 文件，利用磁性套索工具，将牛肉盘、西红柿和大蒜选择出来，复制粘贴到文档中，调整合适的大小和位置，如图 3-37 所示。

图 3-36　选择对象

图 3-37　打开素材

Step 5：使用文字工具，输入文字，如图 3-25 所示，完成效果的制作。

拓展任务　**女装轮播广告页（图 3-38）**

图 3-38　广告页

任务 3　　秋装广告制作

秋装广告

　　本任务将使用"魔棒工具"等对素材图像进行处理，同时通过文字工具设计制作秋装广告（图 3-39）。

图 3-39　任务效果展示

知识点讲解

3.3.1　设置文字属性——字符面板

　　设置文字的属性主要是在字符面板中进行。执行"窗口—字符"命令，即可弹出"字符面板"对话框，如图 3-40 所示。

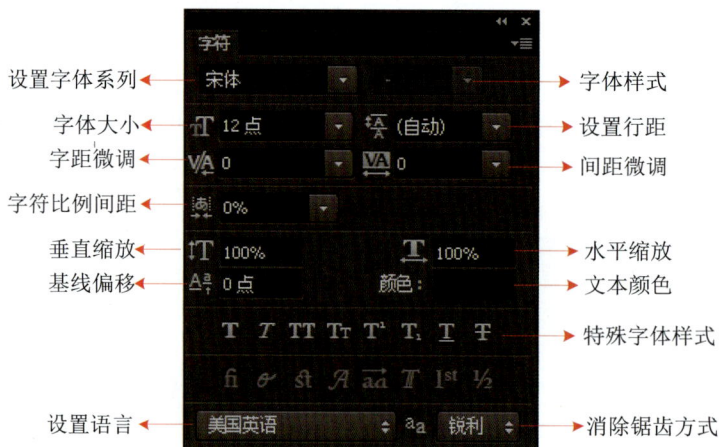

图 3-40　"字符面板"对话框

- ◆ 设置行距：行距是指文本中各个文字行之间的垂直间距，同一段落的行与行之间可以设置不同的行距。
- ◆ 字距微调：用来设置两个字符之间的间距，在两个字符间单击，调整参数。
- ◆ 间距微调：选择部分字符时，可调整所选字符间距；没有选择字符时，可调整所有字符间距。
- ◆ 字符比例间距：用于设置所选字符的比例间距。

◆ 水平缩放 / 垂直缩放：水平缩放用于调整字符的宽度；垂直缩放用于调整字符的高度。这两个百分比相同时，可进行对比缩放。

◆ 基线偏移：用于控制文字与基线的距离，可以升高或降低所选文字。

◆ 特殊字体样式：用于创建仿粗体、斜体等文字样式，以及为字符添加上下划线、删除线等文字效果。

3.3.2　段落面板

创建段落文本后，用户可以在"段落"面板中设置段落文本的对齐和缩进方式。选择"窗口—段落"命令，或者单击文字属性栏中的"切换字符和段落面板"按钮，打开"段落"面板，如图 3-41 所示。

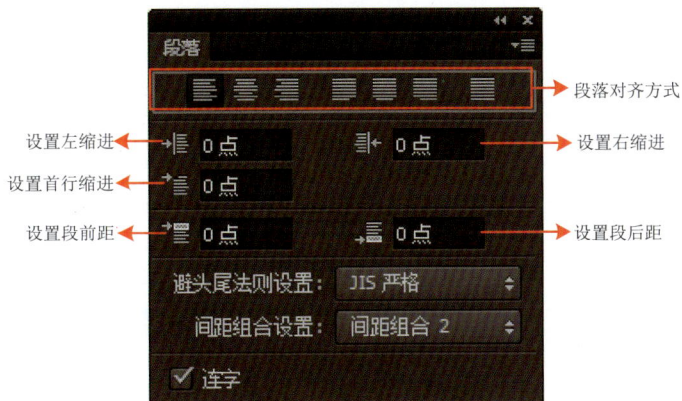

图 3-41　"段落"面板

其中，主要选项说明如下：

◆ 左缩进：横排文字从段落的左边缩进，直排文字从段落的顶端缩进。

◆ 右缩进：横排文字从段落的右边缩进，直排文字从段落的底部缩进。

◆ 首行缩进：用于缩进段落中的首行文字。

3.3.3　编辑段落文字

段落文字是以段落文本定界框来确定文字的位置与换行，在定界框中输入文字后，可以对定界框中的文本进行缩放、旋转和倾斜等操作。

1. 缩放段落定界框

在定界框中输入文本后，将光标移至段落定界框的左下方的角点上，当其变成 ↗ 形状时，拖动控制点即可放大或缩小定界框。此时，定界框内的文字大小没有变化，而定界框内可以容纳的文字数目将会随着定界框的放大与缩小而变化。另外，在缩放时按住【Shift】键可以保持定界框的比例。

2. 旋转、倾斜段落定界框

在定界框中输入文本后，将光标移至段落定界框外，当其变成一个弧形双向箭头 ↰ 形状时，拖动鼠标即可旋转及倾斜段落定界框（图 3-42）。

图 3-42　段落变换

任务实施

　　Step 1：按【Ctrl + N】键，新建一个文件，宽度为 1 010 像素，高度为 800 像素，分辨率为 72 像素 / 英寸，颜色模式为 RGB，背景内容为白色，单击"确定"按钮。

　　Step 2：打开素材文件，使用魔棒工具，并按住【Shift】键，点选图像背景，将背景选中，按【Ctrl + Shift + I】键，反选。将人物选中，复制粘贴到当前文档中，如图 3-43 所示。

　　Step 3：选择"编辑 – 变换 – 水平翻转"命令，对图像进行水平翻转，如图 3-44 所示。

　　Step 4：选择文字工具，设置文字颜色为 #c25538，选择合适的字体，输入文字，如图 3-45 所示。

　　Step 5：利用同样的方法，输入文案中的其他文字，如图 3-46 所示。

　　Step 6：利用矩形选择工具和文字工具，完成剩余文字及图像的制作，最后效果如图 3-39 所示。

图 3-43　选取素材

图 3-44　水平翻转

图 3-45　输入文字

图 3-46　输入其他文字

拓展任务　　**商品展示（图 3-47）**

图 3-47　商品展示

设计思路：选择图像素材，文字工具输入文字。

测 一 测

测试项目 1　冰箱广告（图 3-48）

图 3-48　冰箱广告

设计思路：应用渐变工具绘制冰箱和灯，使用文字工具输入文字。

测试项目 2　时尚杂志封面（图 3-49）

图 3-49　杂志封面

设计思路：选取素材，利用文字工具输入文字。

课外阅读

版式设计——简单
7 种图片排版方式

17 个图片排版
实用技巧

一看就会的图片排
版技巧

模块4 图像调色

知识目标

结合 4 个任务、4 个拓展任务、2 个测试任务的实现，详细介绍常用图像调色的方法与技巧，了解常见效果的实现方法与参数设置技巧，并能熟练完成常见效果的调色处理。

技能目标

具备独立进行常见图像效果的调色能力，具有较强的色彩运用能力。

素养目标

培养学生团队协作、精益求精的精神，具有一定的审美观、鉴赏能力，具备良好的职业道德和沟通交流能力，具备独立思考和认真钻研的良好品质。

任务 1 调整发暗照片

本任务学习调整发暗照片的方法，效果展示如图 4-1 所示。

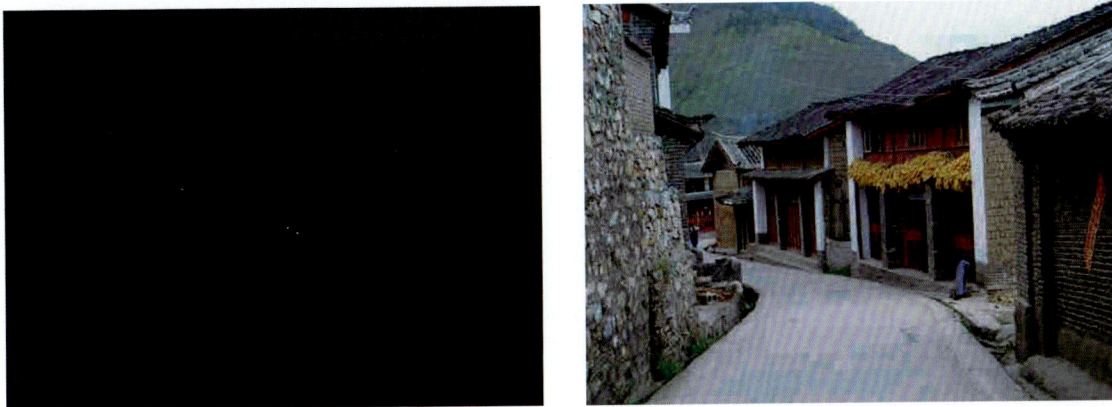

图 4-1 任务效果展示

知识点讲解

4.1.1 色彩调整

色彩调整主要指对图像的亮度、色调、饱和度及对比度的调整。

色彩调整

色彩调整的命令包括"图像"菜单下的"自动色调""自动对比度""自动颜色"三个命令，以及"图像—调整"二级菜单下所有的色彩调整命令，如图 4-2 所示。

亮度/对比度(C)...	
色阶(L)...	Ctrl+L
曲线(U)...	Ctrl+M
曝光度(E)...	
自然饱和度(V)...	
色相/饱和度(H)...	Ctrl+U
色彩平衡(B)...	Ctrl+B
黑白(K)...	Alt+Shift+Ctrl+B
照片滤镜(F)...	
通道混合器(X)...	
颜色查找...	

反相(I)	Ctrl+I
色调分离(P)...	
阈值(T)...	
渐变映射(G)...	
可选颜色(S)...	
阴影/高光(W)...	
HDR 色调...	
去色(D)	Shift+Ctrl+U
匹配颜色(M)...	
替换颜色(R)...	
色调均化(Q)...	

图 4-2　调整命令

4.1.2　色阶

使用色阶命令可以调整图像的阴影、中间调和高光的强度级别，从而校正图像的色调范围和色彩平衡。"色阶"命令常用于修正曝光不足或过度的图像，同时也可对图像的对比度进行设置。执行"图像—调整—色阶"命令，打开"色阶"对话框，如图 4-3 所示。

"色阶"对话框中各选项的意义如下：

◆ 通道：选择需要调整的颜色通道，系统默认为复合颜色通道。在调整复合通道时，各颜色通道中的相应像素会按比例自动调整以避免改变图像色彩平衡。

◆ 输入色阶：拖曳输入色阶下方的三个滑块，或直接在输入色阶框中输入数值，分别设置阴影、中间色调和高光色阶值来调整图像的色阶。其中的直方图面板用来显示图像的色调范围和各色阶的像素数量。

> **提示**
>
> 有时图像虽然得到了从高光到阴影的全部色调范围，但照片可能受不正常曝光的影响，图像整体仍然太暗（曝光不足），或者图像整体太亮（曝光过度）。此时可以移动输入色阶的中间色调滑块以调整灰度系数，向左移动可加亮图像，向右移动可调暗图像。

◆ 输出色阶：拖曳输出色阶的两个滑块，或直接输入数值，以设置图像最高色阶和最低色阶。向右拖曳黑色滑块，可以减少图像中的阴影色调，从而使图像变亮；向左侧拖曳白色滑块，可以减少图像的高光，从而使图像变暗。

◆ 自动：单击该按钮，Photoshop 将把最亮的像素变为白色，把最暗的像素变为黑色，实现自动色阶调整的作用。

◆ 选项：单击该按钮，可弹出"自动颜色校正选项"对话框，如图 4-4 所示，用于快速调整图像的色调。

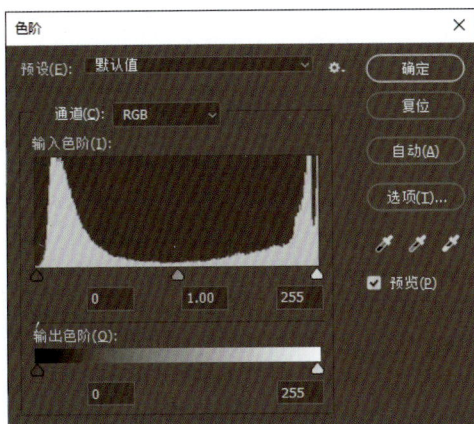

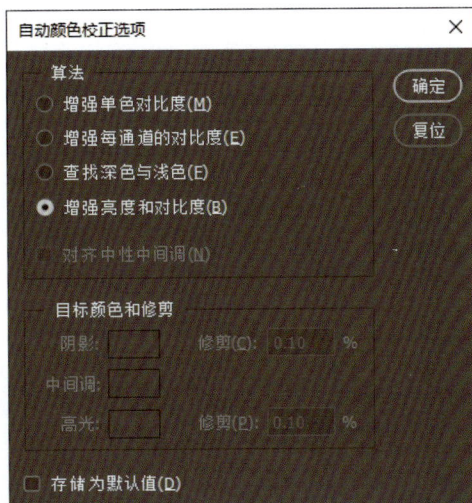

图 4-3 "色阶"对话框   图 4-4 "自动颜色校正选项"对话框

取样吸管：从左到右 3 个吸管依次为黑场吸管、灰场吸管和白场吸管，单击其中任意一个吸管，然后将光标移动到图像窗口中，光标会变成相应的吸管形状，此时单击即可完成色调调整。

照片在拍摄过程中往往会发生偏色现象，设置灰场吸管工具能够通过定义图像的中性灰色来调整图像偏色。所谓中性灰色，指的是各颜色分量相等的颜色，如果是 RGB 颜色模式，则 R=G=B，如颜色（RGB：125、125、125）。

使用灰场吸管工具纠正偏色，关键是要找准图像中的中性灰色位置，可以多次单击进行筛选，也可以根据生活常识来进行判断。

> **提示**
>
> 在"色阶"对话框中，通过增大暗调编辑框的数值可增加图像暗部的色调，原理是将图像中亮度值小于该数值的所有像素都变成黑色，从而使图像变暗；中间调编辑框用来调整图像的中间色调，数值小于 1.00 时中间色调变暗，大于 1.00 时中间色调变亮；通过减小高光编辑框的数值可以增加图像亮部的色调，原理是将所有亮度值大于该数值的像素都变成白色，从而使图像变亮。
>
> 通常，一幅色调较好的图像，"输入色阶"的上述三个滑块对应处都应有较均匀的像素分布。

使用方法：选择"图像—调整—色阶"菜单项，打开"色阶"对话框，在对话框中分别拖动直方图下面的 3 个滑块，设置图像的最暗点、中间亮度点和最亮点来调整图像的色调。

4.1.3 色阶直方图

色阶直方图是用图形的方式表示图像中每个亮度级别的像素数量。通过直方图可以快速地看出图像的色阶分布是否合理，确定图像校正的方向。

◆ 执行"窗口—直方图"菜单命令，打开直方图面板。选择"扩展视图"，可查看更多信息。

◆ 亮度范围 0～85 为图像阴影区，处于直方图左侧。亮度范围 171～255 为图像高光区，处于直方图右侧。亮度范围 86～170 叫作图像中间调。

◆ 一幅效果好的照片应该是像素在全色调范围内都有分布，并且两边低，中间高。

4.1.4　曲线

　　"曲线"的功能非常强大，可以对整个图片或单独通道进行亮度、颜色及对比度的调整。该命令可以精确地调整高光区域、阴影区域和中间调区域中任意一点的色调与明暗度。更重要的是，这种调整可以是纯感性化的线性调整，也可以是纯理性化的数据精确调整。当使用鼠标按住控制点向上移动时，输出色阶大于输入色阶，图像变亮；反之，图像变暗，如图 4-5 所示。调整效果如图 4-6 所示。

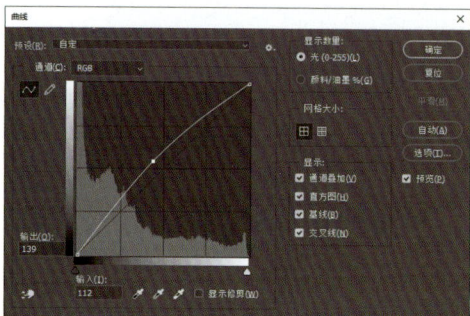

图 4-5　"曲线"对话框

原图　　　　　　　　　　调整后图片

图 4-6　曲线调整效果

　　在"通道"列表框中可选择不同的通道来进行色阶的调整。通过对单个原色通道的调整，可以改变原色的混合比例，从而改变图像的色调。

4.1.5　渐变映射

　　"渐变映射"是以索引颜色的方式来给图像着色。它以图像的灰度（亮度）为依据，以设置的渐变色彩取代图像颜色，使图像产生渐变的色调效果。执行"图像—调整—渐变映射"命令，打开"渐变映射"对话框。

　　练一练：利用渐变映射调整图像（图 4-7）

图 4-7　渐变映射

4.1.6　色相 / 饱和度

　　"色相 / 饱和度"命令可以调整图像中特定颜色分量的色相、饱和度和亮度，或者同时调整图像中的所有颜色。并且，它允许用户在保留原始图像的核心亮度值信息的同时，可以应用新的色相和饱和度值给图像着色，"色相 / 饱和度"对话框如图 4-8 所示。

色相 / 饱和度

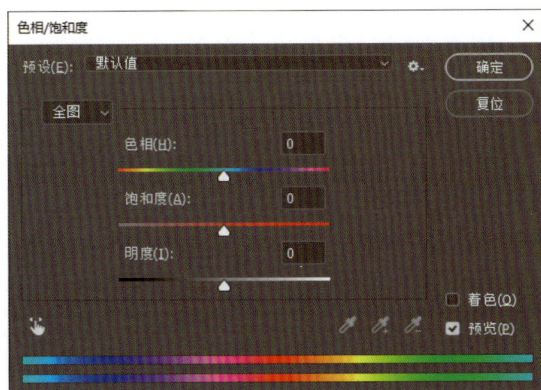

图 4-8　"色相 / 饱和度"对话框

"色相 / 饱和度"选项说明如下：

◆ 编辑：在下拉菜单中选择图像调整的范围。"全图"选项会同时调整图像中的所有颜色；选择其他颜色则只调整所选颜色的色相、饱和度及亮度。

◆ 色相：通过调整，得到一个新的颜色。

◆ 饱和度：使用"饱和度"调节滑块可以调节颜色的纯度。向右拖动增加纯度，向左拖动降低纯度。

◆ 明度：使用"明度"调节滑块可调节像素的亮度，向右拖动增加亮度，向左拖动减少亮度。

◆ 颜色条：在对话框的底部显示有两个颜色条，代表颜色在颜色条中的次序及选择范围。上面的颜色条显示调整前的颜色，下面的颜色条显示调整后的颜色。

◆ 着色：选中该复选框可为灰度图像上色，或创造单色调效果。

🔘 任务实施

　　打开"色阶"对话框，如图 4-9 所示，发现灰度和白色像素严重缺失，按图所示移动白色滑块向左移动，即可有效改善图片质量，如图 4-10 所示。

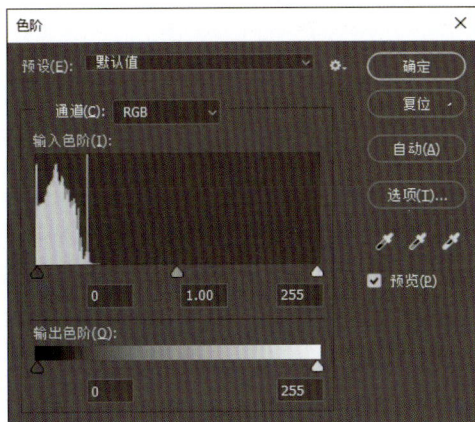

图 4-9　"色阶"对话框 1　　　　图 4-10　"色阶"对话框 2

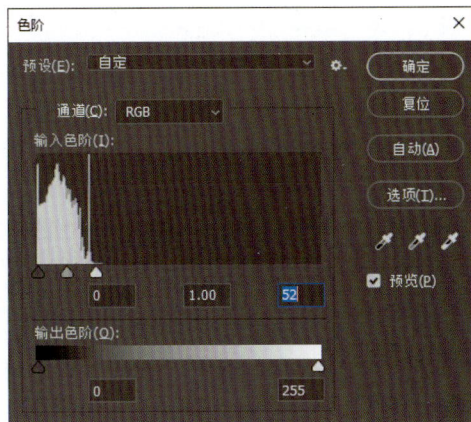

拓展任务　调整发暗图片（图 4-11）

图 4-11　调整发暗照片

任务 2　黑白照片上色

本任务学习给黑白照片上色的方法，效果展示如图 4-12 所示。

图 4-12　任务效果展示

知识点讲解

"色彩平衡"命令可以更改图像的总体颜色混合。在"色彩平衡"对话框中，相互对应的两个色互为补色（如青色和红色）。当提高某种颜色的比重时，位于另一侧的补色的颜色就会减少。执行"图像—调整—色彩平衡"命令，打开"色彩平衡"对话框，如图 4-13 所示。

◆ "色阶"参数：设置色彩通道的色阶值，范围为 -100 ～ +100。

◆ 调整滑块：拖曳滑块可向图像中增加或减少颜色。

◆ 调整色调：可选择一个色调范围来进行调整，包括"阴影""中间调"和"高光"。

◆ 保持明度：如果勾选"保持明度"复选框，可防止图像的亮度值随着颜色的更改而改变，从而保持图像的色调平衡。

色彩平衡

打开素材，如图 4-14 所示，色彩平衡各种效果如图 4-15～图 4-20 所示。

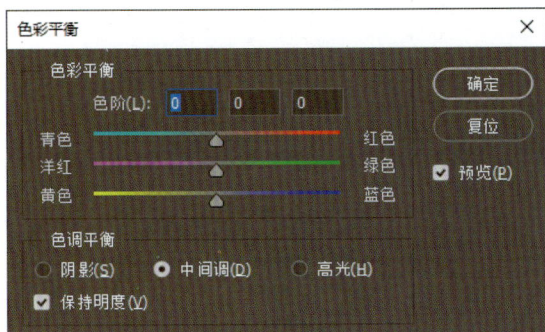

图 4-13　"色彩平衡"对话框

图 4-14　原素材

图 4-15　增加青色／减少红色

图 4-16　增加红色／减少青色

图 4-17　增加洋红色／减少绿色

图 4-18　增加绿色 / 减少洋红

图 4-19　增加黄色 / 减少蓝色

图 4-20　增加蓝色 / 减少黄色

任务实施

1. 为红苹果上色

利用磁性套索工具选中红苹果，按照图 4-21 ~ 图 4-23 所示进行设置。效果如图 4-24 所示。

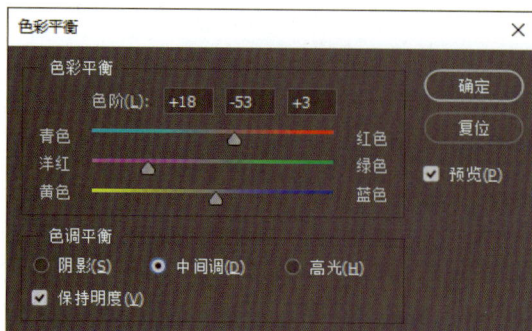

图 4-21　"色彩平衡"对话框 1

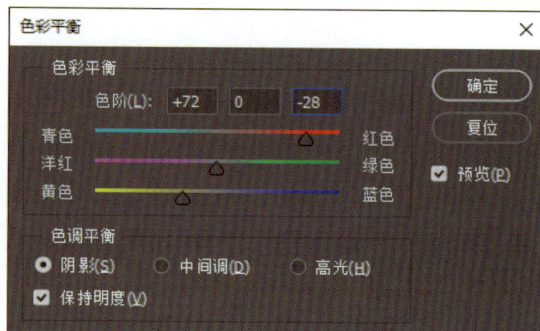

图 4-22　"色彩平衡"对话框 2

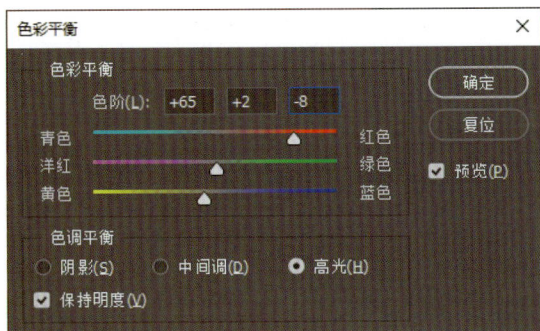

图 4-23　"色彩平衡"对话框 3

图 4-24　苹果效果

2. 为梨上色

按照图 4-25～图 4-27 所示进行设置。

效果如图 4-28 所示。

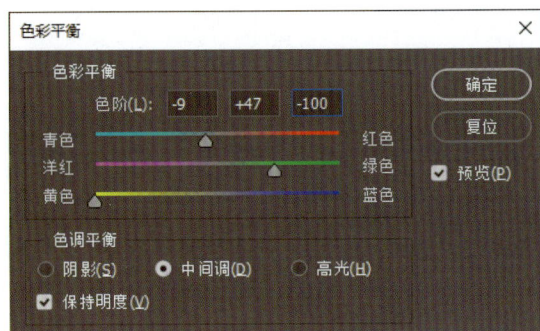

图 4-25　"色彩平衡"对话框 4

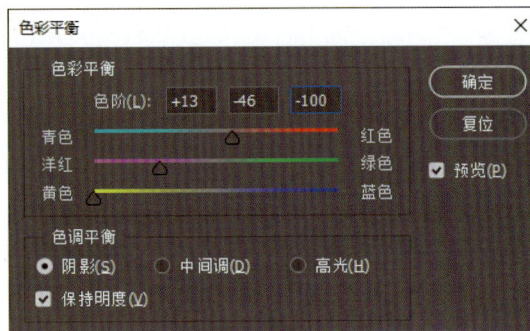

图 4-26　"色彩平衡"对话框 5

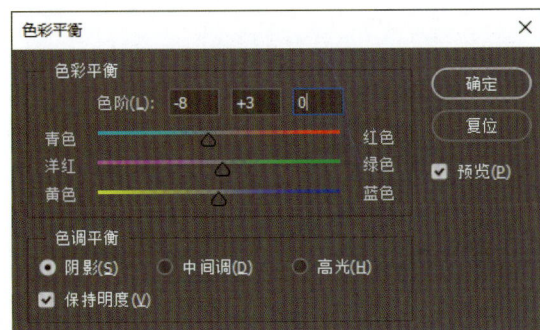

图 4-27　"色彩平衡"对话框 6

图 4-28　梨的效果

3. 为番茄上色

按照图 4-29～图 4-31 所示进行设置。

4. 为橙子上色

按照图 4-32 ~ 图 4-34 所示进行设置。

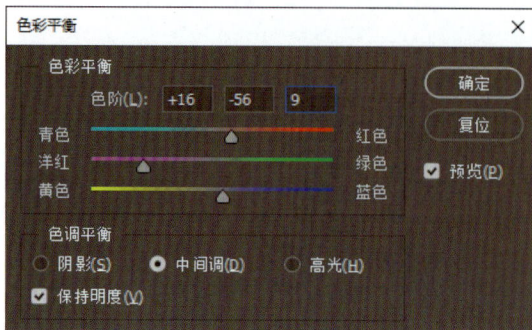

图 4-29　"色彩平衡"对话框 7

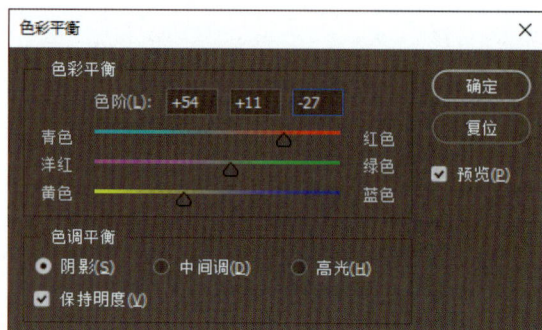

图 4-30　"色彩平衡"对话框 8

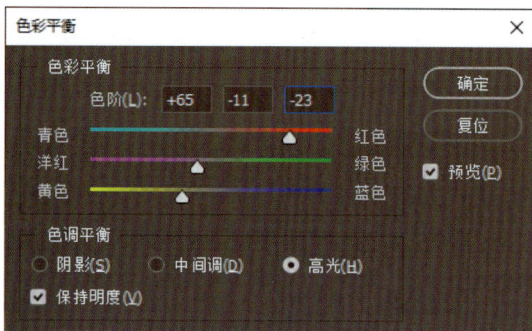

图 4-31　"色彩平衡"对话框 9

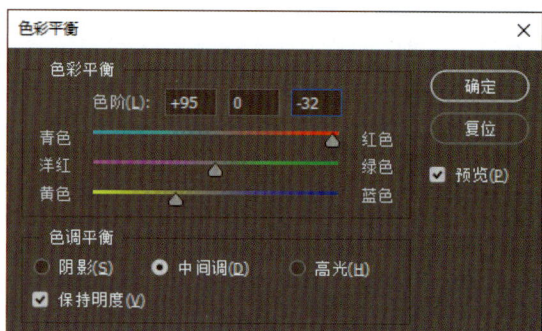

图 4-32　"色彩平衡"对话框 10

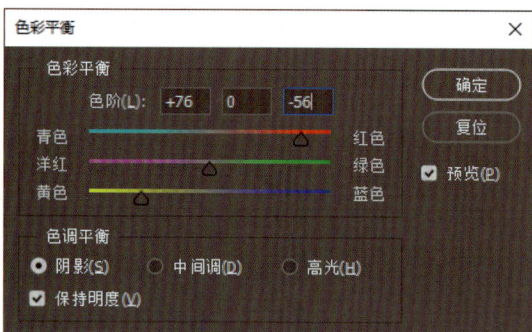

图 4-33　"色彩平衡"对话框 11

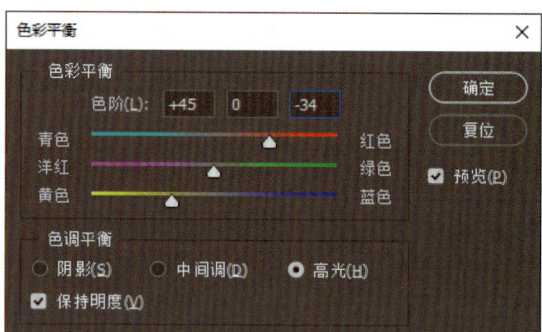

图 4-34　"色彩平衡"对话框 12

5. 为猕猴桃上色

按照图 4-35 ~ 图 4-37 所示进行设置。

依此类推，最后完成的效果如图 4-38 所示。

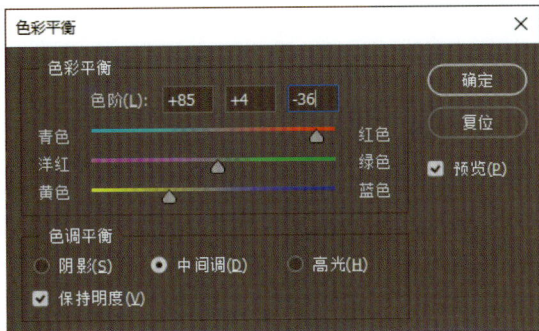

图 4-35　"色彩平衡"对话框 13

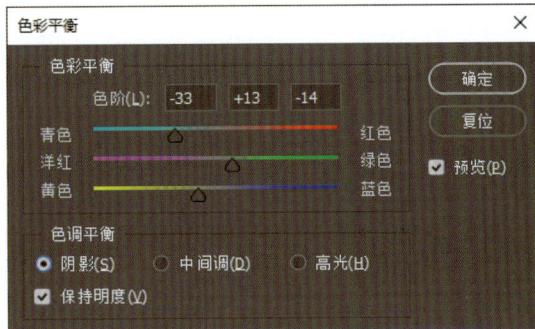

图 4-36　"色彩平衡"对话框 14

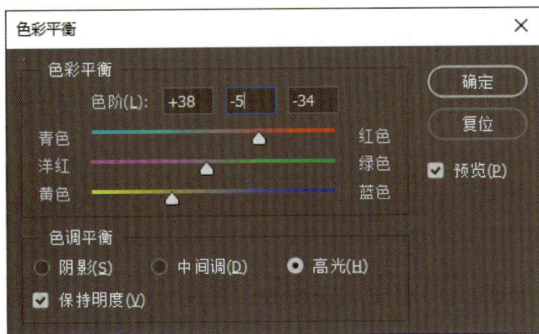

图 4-37　"色彩平衡"对话框 15

图 4-38　完成效果图

拓展任务　打造金器效果（图 4-39）

图 4-39　打造金器效果

任务 3　调整照片的色彩与明度

本任务学习调整照片的色彩与明度的方法，效果展示如图 4-40 所示。

图 4-40　任务效果展示

知识点讲解

4.3.1　可选颜色

"可选颜色"命令能够将图像中的颜色替换成选择后的颜色。选择"图像—调整—可选颜色"命令，在弹出的"可选颜色"对话框中进行设置，调整好效果后，单击"确定"按钮，如图 4-41 所示。

◆ 颜色：可以选择图像中含有的不同色彩，通过拖曳滑块调整青色、洋红、黄色、黑色的百分比。

◆ 方法：确定调整方法是"相对"或"绝对"。

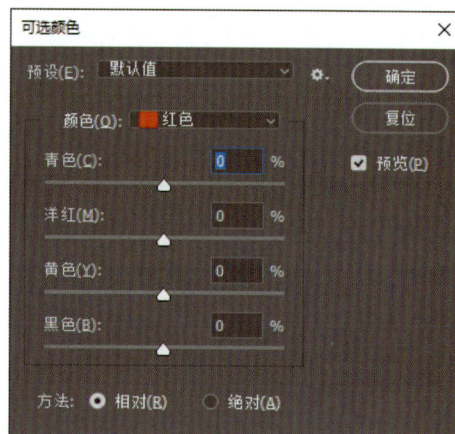

图 4-41　"可选颜色"对话框

使用"可选颜色"命令，将图 4-42 左图调整成图 4-42 右图所示效果。

图 4-42　使用"可选颜色"命令调整图片

实现思路：按图 4-43 所示进行设置。

4.3.2　亮度 / 对比度

　　"亮度 / 对比度"命令可以同时调整图像的亮度和
对比度，适合于各色调区的亮度和对比度差异相对悬殊
不太大的图像。"亮度 / 对比度"对话框如图 4-44 所示。
调整前后的效果如图 4-45 所示。

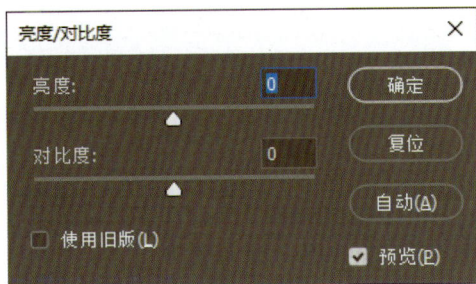

图 4-43　"可选颜色"设置

图 4-44　"亮度 / 对比度"对话框

图 4-45　调整前后效果对比

任务实施

　　Step 1：打开调整色彩与明度素材图片。将"背景"图层拖曳到"图层"控制面板下方的"创
建新图层"按钮上进行复制，生成新的图层"背景 拷贝"，如图 4-46 所示。

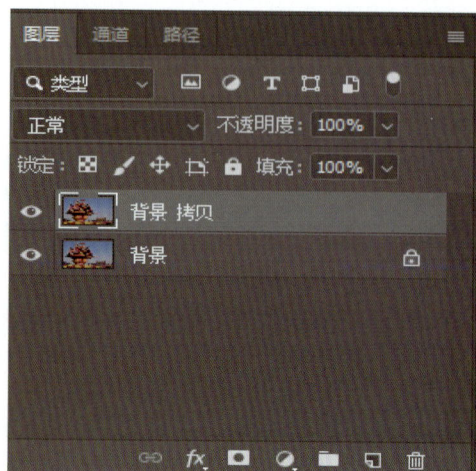

图 4-46　复制图层

Step 2：选择"图像—调整—可选颜色"命令，在弹出的对话框中进行设置。单击"颜色"选项右侧的按钮 ⏷，在下拉菜单中选择"黄色"选项，并进行参数设置；单击"颜色"选项右侧的按钮 ⏷，在下拉菜单中选择"黑色"选项，并进行参数设置，如图 4-47 所示，单击"确定"按钮，效果如图 4-48 所示。

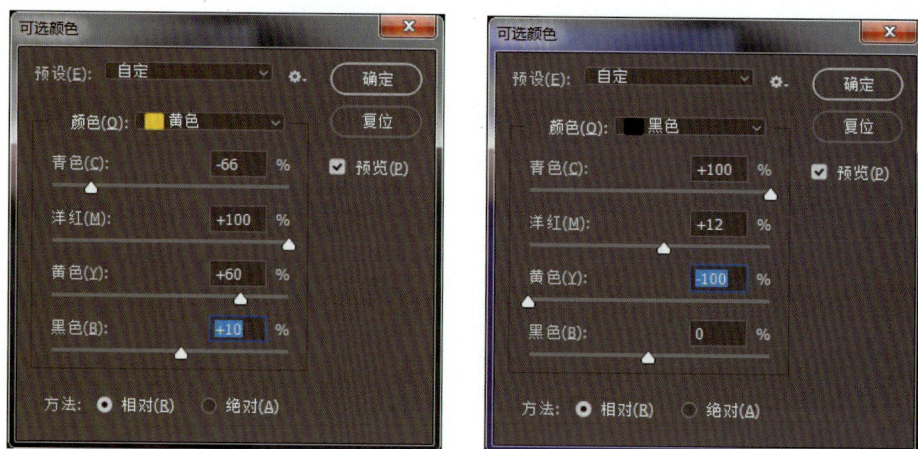

图 4-47　参数设置

图 4-48　效果

Step 3：选择"图像—调整—曝光度"命令，在弹出的对话框中进行设置，单击"确定"按钮，并调整亮度对比度，如图 4-49～图 4-51 所示。最终效果如图 4-40 所示。

图 4-49　"曝光度"参数设置

图 4-50　"曝光度"设置及效果

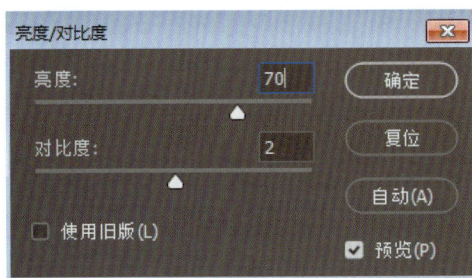

图 4-51　"亮度 / 对比度"设置及效果

拓展任务　制作冷色调照片（图 4-52）

图 4-52　制作冷色调照片

设计思路：执行"色阶"命令调整明暗度。执行"色相 / 饱和度"和"色彩平衡"命令，改变图像的整体色调。执行"曝光度"命令，对图片的曝光度进行处理。

任务 4　梦幻的蓝色婚纱照

本任务学习制作梦幻的蓝色婚纱照的方法，效果展示如图 4-53 所示。

图 4-53　任务效果展示

知识点讲解

　　照片滤镜："照片滤镜"命令，模拟相机的滤镜来调整照片的色差。滤镜的种类可以在滤镜项中选取。用"浓度"来调整滤镜的效果，如图 4-54 所示。当系统给定的滤镜不合适时，也可以直接选择颜色作为自定的滤镜。照片滤镜效果如图 4-55 所示。

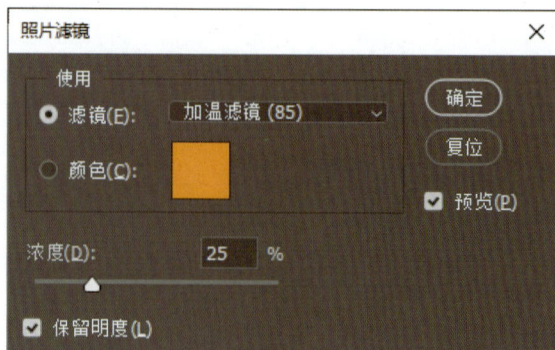

图 4-54　"照片滤镜"对话框

原图　　　　　　　　　　加温滤镜　　　　　　　　　　冷却滤镜

图 4-55　照片滤镜效果

任务实施

Step 1：打开素材图，如图 4-56 所示。

Step 2：按【Ctrl + J】键复制背景图层，执行"滤镜－模糊－高斯模糊"命令，设置半径为 5，图层混合模式为柔光，不透明度为 60%，如图 4-57 所示。

图 4-56　素材图

图 4-57　效果

Step 3：盖印图层，打开通道面板，选择绿色通道，全选复制并选择蓝色通道，粘贴，如

图 4-58 所示。

　　Step 4：选择"图像—调整—照片滤镜"命令，设置冷却滤镜（82），如图 4-59 所示。

图 4-58　通道操作效果

图 4-59　冷却滤镜效果

　　Step 5：执行"色相 / 饱和度"命令，打开"色相 / 饱和度"对话框，按照图 4-60 所示进行设置。执行"色阶"命令，按照图 4-61 所示进行设置。然后选择绿色通道，按照图 4-62 所示进行设置。最终效果如图 4-53 所示。

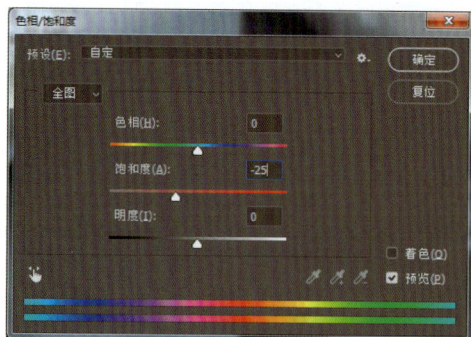

图 4-60　"色相 / 饱和度"对话框

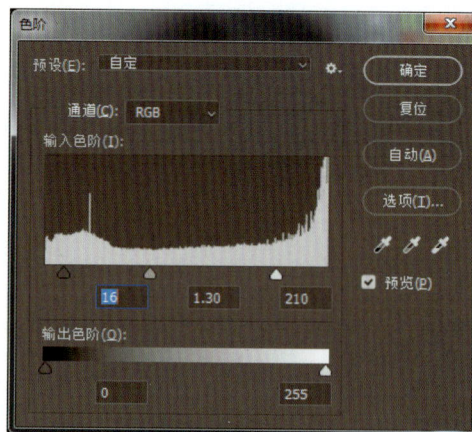

图 4-61　色阶

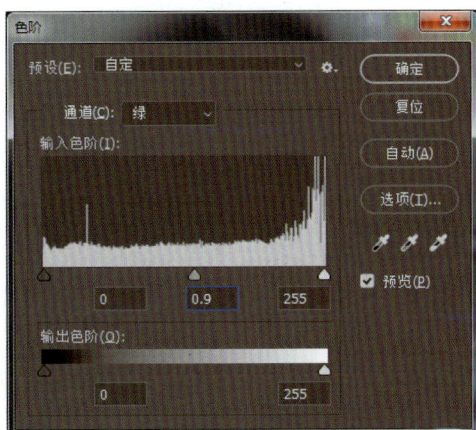

图 4-62　色阶调整绿色通道

拓展任务　增强图像色彩鲜艳度（图 4-63）

图 4-63　原图和素材效果对比

测一测

测试项目 1　秋季淡调蓝黄色草原人物（图 4-64）

图 4-64　效果展示（左图为素材，右图为效果图）

测试项目 2　怀旧照片效果（图 4-65）

图 4-65　效果展示（左图为素材，右图为效果图）

模块5 | 图层样式与混合模式

知识目标

通过制作玉手镯、糖果艺术字、运动鞋创意广告、我型我秀四个任务，学习图形样式和图层混合模式，学生应熟悉图层样式的设置，灵活运用图层混合模式实现设计效果。

技能目标

具备灵活使用图层样式进行创意设计的能力，具备使用图层混合模式进行创意的能力。

素养目标

培养学生小组合作、积极进取的精神，具有一定的审美观、鉴赏能力，具备良好的职业道德和沟通交流能力，具备独立思考和认真钻研的良好品质。

任务 1　制作玉手镯

图层样式也叫作图层效果，它既是用于制作文理和质感的重要功能，也是制作图形效果的重要手段之一。可以通过简单的操作为图层中的图像内容添加例如投影、发光、浮雕、描边等效果，创建具有真实质感的水晶、高光、金属等特效。本任务将通过使用选框工具绘制一个手镯，并应用"图层样式"来打造立体、质感效果（图 5-1）。

图 5-1　任务效果展示

知识点讲解

5.1.1　添加图层样式

为图层中的图形添加合适的图层样式，有助于增强图形的表现力。如果要为图形添加"图层样式"，需要先选中这个图层，然后单击图层面板下方的"添加图层样式"按钮 *fx*，在弹出的菜单中，可以选择一个样式，如图 5-2 所示。

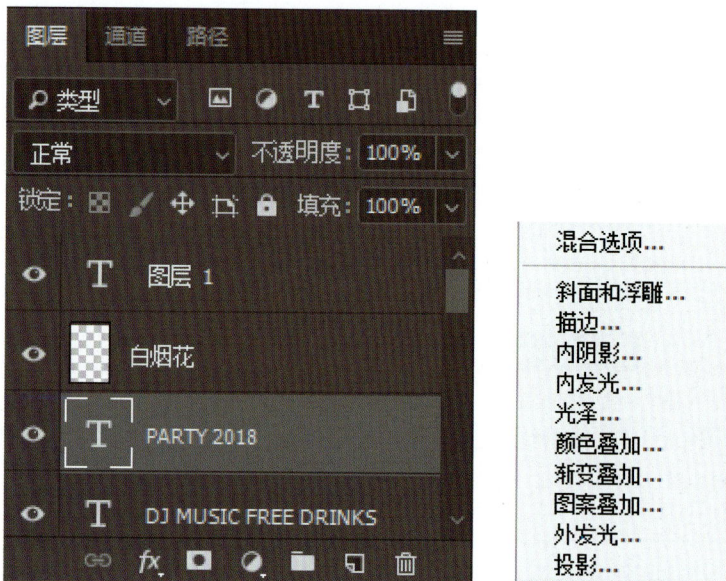

添加图层样式　　　　　　　　　图层样式命令

图 5-2　图层样式

在"图层样式"对话框的左侧有 10 项效果可以选择，分别是斜面和浮雕、描边、内阴影、内发光、光泽、颜色叠加、渐变叠加、图案叠加、外发光和投影，如图 5-3 所示。

当单击左侧的一个效果名称，可以选中该效果，对话框的中间则会显示与之对应的样式设置。效果名称前面复选框有 ☑ 标记的，表示在图层中添加了该效果。单击效果名称前方的 ☑ 标记，可停用该效果，但保留效果参数。

在对话框中设置效果参数后，单击"确定"按钮即可为图层添加图层样式，该图层会显示图层样式的图标 *fx* 和一个效果列表。单击该图层右侧的 ◉ 按钮，可以折叠或展开效果列表，如图 5-4 所示。

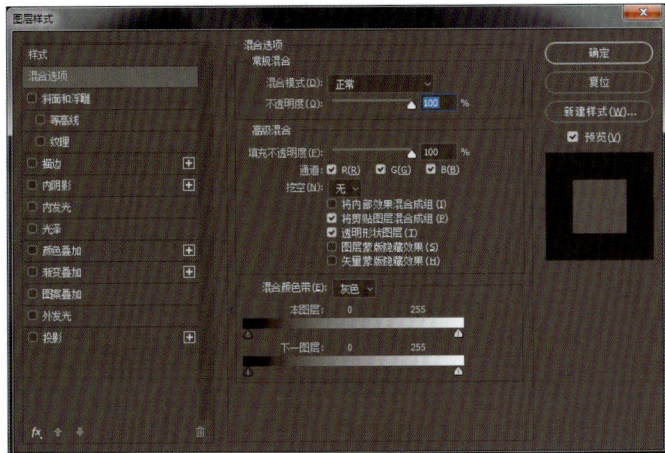

图 5-3　"图层样式"对话框

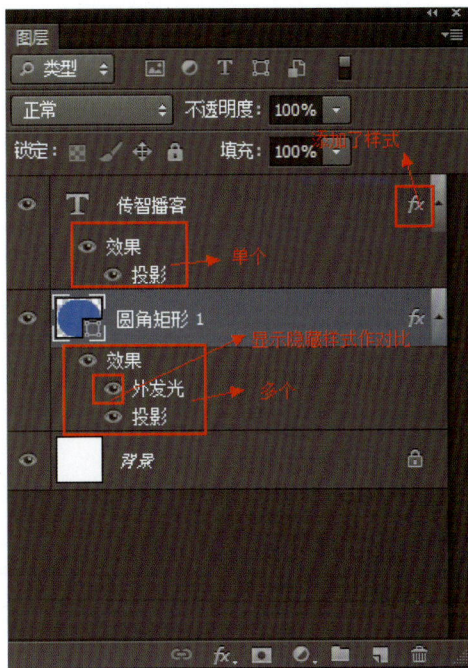

图 5-4　添加图层样式的图层

5.1.2　斜面和浮雕

　　"斜面和浮雕"样式是 Photoshop 软件中最复杂的图层样式效果。它可以为图形对象添加高光与阴影的各种组合，使图形对象内容呈现立体的浮雕效果。在"图层样式"对话框中单击"斜面和浮雕"选项，即可切换到"斜面和浮雕"参数设置面板，如图 5-5 所示。

　　在浮雕样式中包括内斜面、外斜面、浮雕、枕形浮雕和描边浮雕。虽然每一项设置选项都是一样的，但是制作出来的效果却大相径庭。

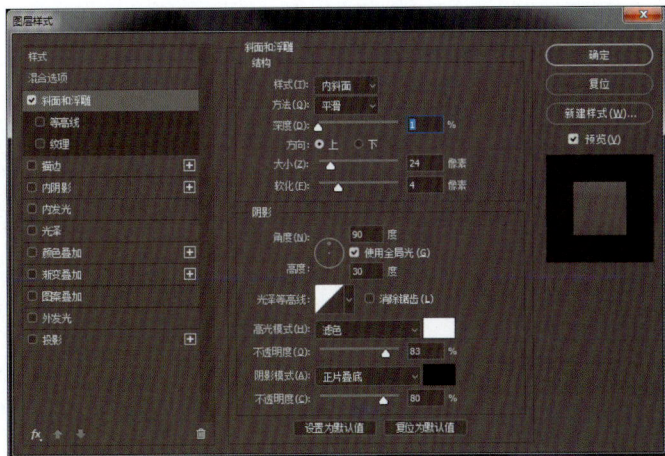

图 5-5　"斜面和浮雕"参数设置面板

斜面与浮雕

　　其中，主要选项说明如下：

　　◆ 样式：在该下拉列表框中可选择不同的斜面和浮雕样式，得到不同的效果。

1. 内斜面

　　首先来看内斜面，添加了内斜角的层就好像同时多出一个高光层（在其上方）和一个投影层（在其下方）。投影层的混合模式为"正片叠底"（Multiply），高光层的混合模式为"屏幕"（Screen），两者的透明度都是 75%。两个层配合起来，效果就多了很多变化。

　　为了看清楚这两个"虚拟"的层究竟是怎么回事，新建一个文档，新建一个图层，利用椭圆选区画一个圆，并填充黑色。我们先将图片的背景设置为黑色，然后为圆所在的层添加"内斜面"样式，再将该层的填充不透明度设置为 0。这样就将层上方"虚拟"的高光层分离出来了。类似地，我们再将图片的背景色设置为白色，然后为圆所在的层添加"内斜角"样式，再将该层的填充不透明度设置为 0。这样就将层下方"虚拟"的投影层分离出来了，如图 5-6 所示。

　　这两个"虚拟"的层配合起来构成"内斜角"效果，类似于来自左上方的光源照射一个截面形为梯形的高台形成的效果。

2. 外斜面

　　被赋予了外斜面样式的层也会多出两个"虚拟"的层，一个在上，一个在下，分别是高光层和阴影层，混合模式分别是正片叠底（Multiply）和屏幕（Screen），这些和内斜面都是完全一样的，如图 5-7 所示。

图 5-6　内斜面

图 5-7　外斜面

3. 浮雕效果

　　斜面效果添加的"虚拟"层都是一上一下的，而浮雕效果添加的两个"虚拟"层则都在层的上方，因此我们不需要调整背景颜色和层的填充不透明度就可以同时看到高光层和阴影层，如图 5-8 所示。

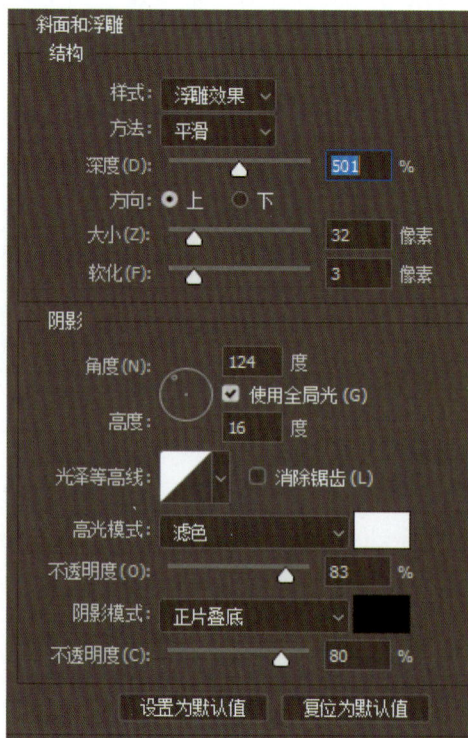

图 5-8　浮雕效果

4. 枕形浮雕

　　添加了枕形浮雕样式的层会一下子多出四个"虚拟"层，两个在上，两个在下。上下各含有一个高光层和一个阴影层。因此枕形浮雕是内斜面和外斜面的混合体，如图5-9所示。

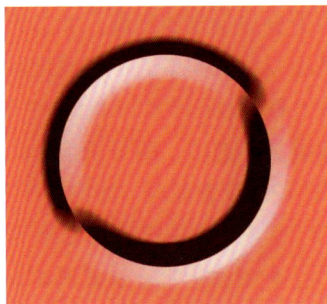

图5-9　枕形浮雕

- ◆ 方法：用来选择一种创建浮雕的方法。这个选项可以设置三个值，包括平滑（Soft）、雕刻柔和（Chisel Soft）、雕刻清晰（Chisel Hard）。其中"平滑"是默认值，选中这个值可以对斜角的边缘进行模糊，从而制作出边缘光滑的高台效果。
- ◆ 深度：用于设置浮雕斜面的应用深度，数值越高，浮雕的立体感越强。
- ◆ 角度：用于设置不同的光源角度。
- ◆ 使用全局光（Use Global Light）："使用全局光"这个选项一般都应选上，表示所有的样式都受同一个光源的照射，也就是说，调整一种层样式的光照效果，其他的层样式的光照效果也会自动进行完全一样的调整。如果需要制作多个光源照射的效果，应该清除这个选项。
- ◆ 等高线："斜面和浮雕"样式中的等高线容易让人混淆，除了在对话框右侧有"等高线"设置外，在对话框左侧也有"等高线"设置。其实仔细比较一下就可以发现，对话框右侧的"等高线"是"光泽等高线"，这个等高线只会影响"虚拟"的高光层和阴影层。而对话框左侧的等高线则是用来为对象（图层）本身赋予条纹状效果。这两个"等高线"混合作用的时候经常会产生一些让人不太好琢磨的效果。

5.1.3　颜色叠加、渐变叠加和图案叠加

　　"颜色叠加"效果可以在图形对象上叠加指定的颜色，通过设置颜色的混合模式和不透明度，控制叠加效果。

　　"渐变叠加"效果可以在图形对象上叠加指定的渐变颜色。在"图层样式"对话框中单击"渐变叠加"选项，即可切换到"渐变叠加"参数设置面板，如图5-10所示，效果如图5-11所示。

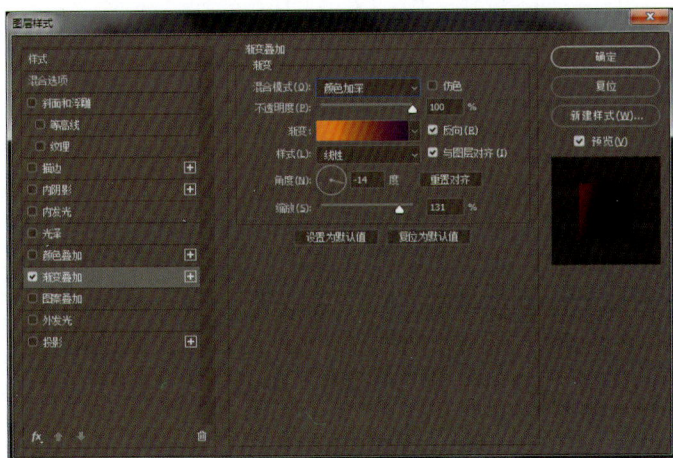

图5-10　"渐变叠加"参数设置面板

图5-11　渐变叠加效果

"图案叠加"效果可以在图形对象上叠加指定的图案，并且可以缩放图案、设置图案的不透明度和混合模式。在"图层样式"对话框中单击"图案叠加"选项，即可切换到"图案叠加"参数设置面板，如图 5-12 所示。

其中，主要选项说明如下：

◆ 图案：用于设置图案效果。

◆ 缩放：用于设置效果影响的范围。

◆ 混合模式：需要设置叠加的混合模式。

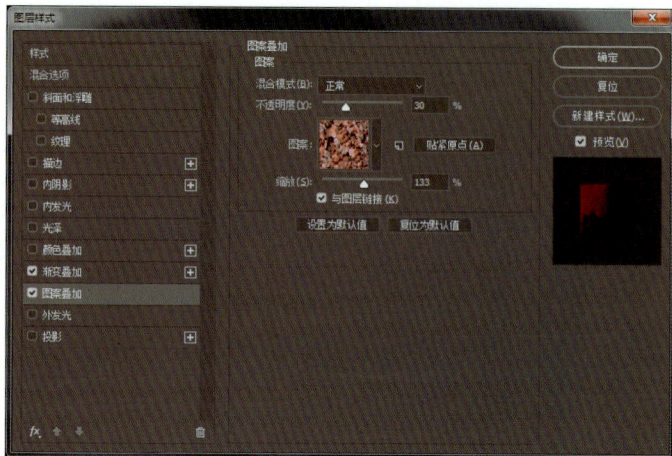

图 5-12　"图案叠加"参数设置面板

任务实施

Step 1：按下【Ctrl + N】键，调出"新建"对话框。设置宽度为 800 像素、高度为 600 像素、分辨率为 72 像素 / 英寸，颜色模式为 RGB 颜色、背景内容为白色，单击"确定"按钮，完成画布的创建。

Step 2：新建图层 1，选择椭圆选择工具，绘制正圆，并填充绿色。执行"选择 - 变换选区"命令，按住【Shift + Alt】键，单击鼠标拖动选区的控制角点向中间缩放，然后按【Delete】键，将中间区域删除，如图 5-13 所示。

Step 3：按住【Ctrl + D】键，取消选区，双击图层 1，在弹出的"图层样式"对话框中，单击左侧"投影"样式，在右侧面板中设置参数，具体参数如图 5-14 所示，完成的效果如图 5-15 所示。

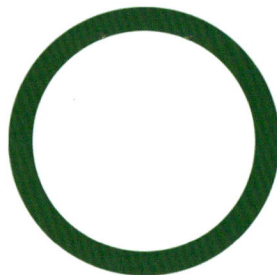

图 5-13　绘制圆环

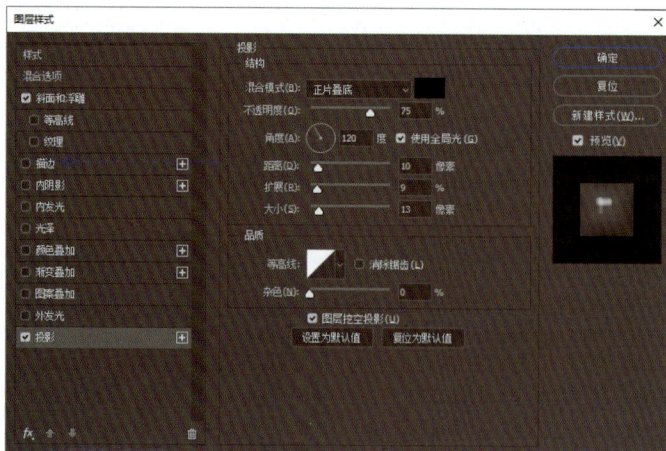

图 5-14　投影样式

图 5-15　投影效果

Step 4：设置"斜面和浮雕"参数，具体参数如图 5-16 所示，完成的效果如图 5-17 所示。

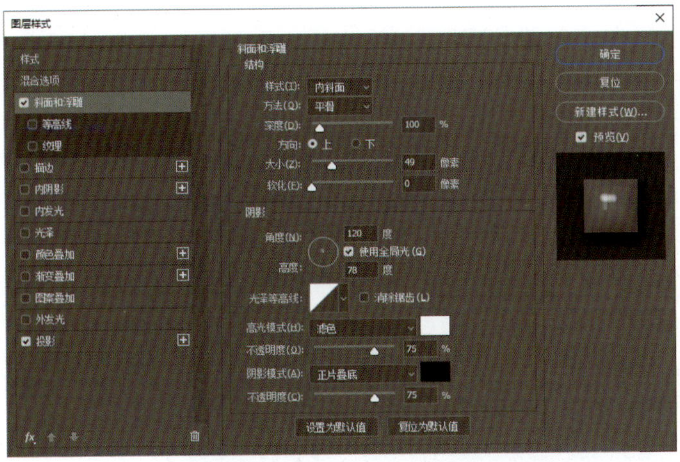

图 5-16　设置"斜面和浮雕"参数

图 5-17　浮雕效果

Step 5：设置"颜色叠加"样式，其中的颜色设置为"#2b6757"，如图 5-18 所示。

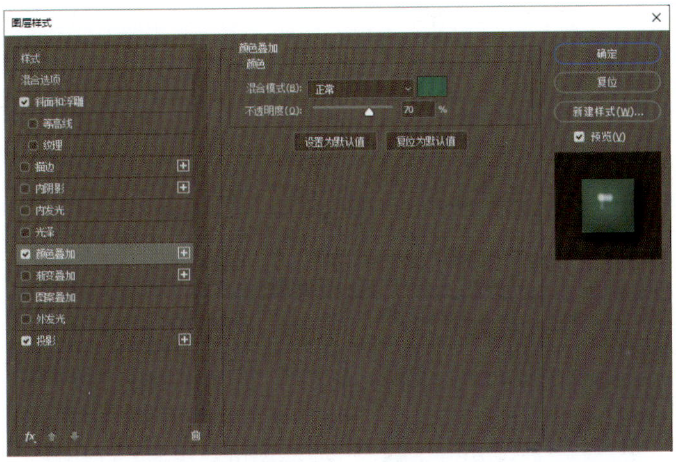

图 5-18　设置"颜色叠加"样式

Step 6：设置"渐变叠加"样式，如图 5-19 所示，效果如图 5-20 所示。

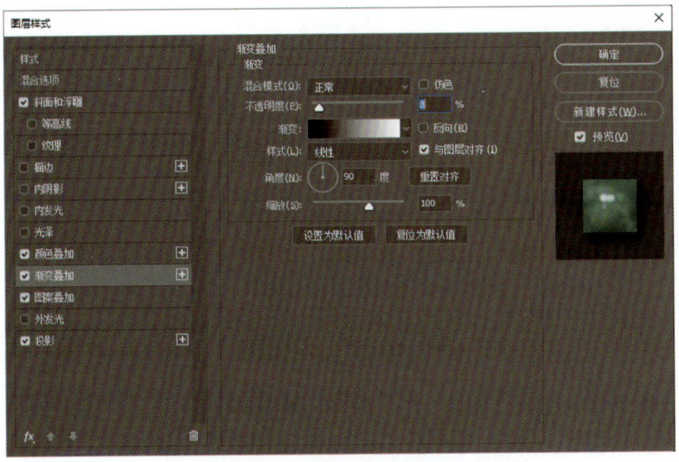

图 5-19　设置"渐变叠加"样式

图 5-20　渐变叠加效果

Step 7：设置"图案叠加"样式，如图 5-21 所示，最终效果如图 5-1 所示。

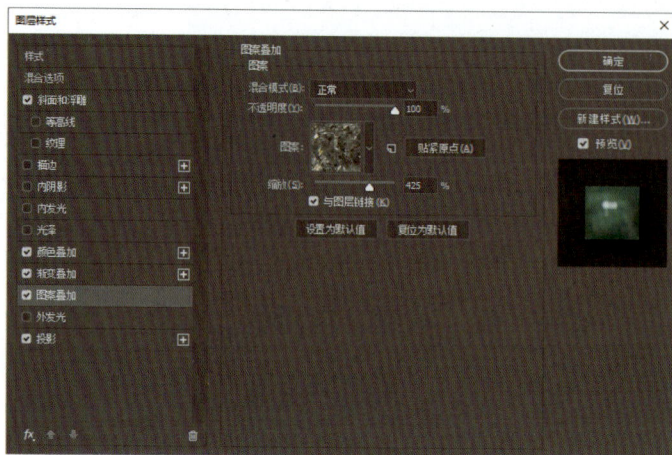

图 5-21　设置"图案叠加"样式

Step 8：修改"颜色叠加"中的颜色及"图案叠加"中的图案，可以得到不同风格的玉手镯，如图 5-22 所示。

图 5-22　其他效果

拓展任务　绘制插座（图 5-23）

图 5-23　插座

设计思路：利用矩形、圆角矩形、椭圆工具绘制图形，利用图层样式设计效果。

任务 2　　制作糖果艺术字

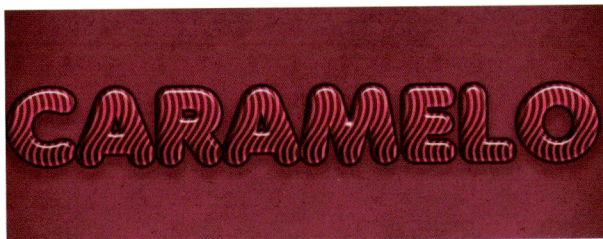

本任务通过糖果艺术字效果，继续学习图层样式的应用（图 5-24）。

图 5-24　任务效果展示

知识点讲解

5.2.1　描边

"描边"效果可以使用颜色、渐变或图案勾勒图形对象的轮廓，在图形对象的边缘产生一种描边效果。在"图层样式"对话框中单击"描边"选项，即可切换到"描边"参数设置面板，如图 5-25 所示。描边效果如图 5-26 所示。

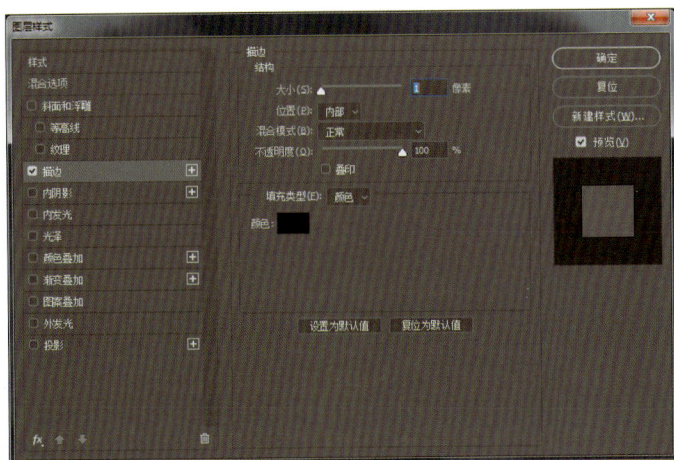

图 5-25　"描边"参数设置面板

其中，主要选项说明如下：

◆ 大小：用于设置描边线条的宽度。

◆ 位置：用于设置描边的位置，包括外部、内部、居中。

◆ 填充类型：用于选择描边的效果以何种方式填充。

◆ 颜色：用于设置描边颜色。

图 5-26　描边效果

5.2.2　投影

　　"投影"效果是在图形对象背后添加阴影，使其产生立体感。在"图层样式"对话框中单击"投影"选项，即可切换到"投影"参数设置面板，如图 5-27 所示。投影效果如图 5-28 所示。

　　其中，主要选项说明如下：

◆ 混合模式：用于设置阴影与下方图层的色彩混合模式，默认为"正片叠底"。单击右侧的颜色块，可以设置阴影的颜色。

◆ 不透明度：用于设置投影的不透明度，数值越大，阴影的颜色就越深。

◆ 角度：用于设置光源的照射角度，光源角度不同，阴影的位置也不同。选中"全局光"复选框，可以使图层效果保持一致的光线照射角度。

◆ 距离：用于设置投影与图像的距离，数值越大，投影就越远。

◆ 扩展：默认情况下，阴影的大小与图层相当，如果增大扩展值，可以加大阴影。

◆ 大小：用于设置阴影的大小，数值越大，阴影就越大。

◆ 杂色：用于设置颗粒在投影中的填充数量。

◆ 图层挖空投影：控制半透明图层中投影的可见或不可见效果。

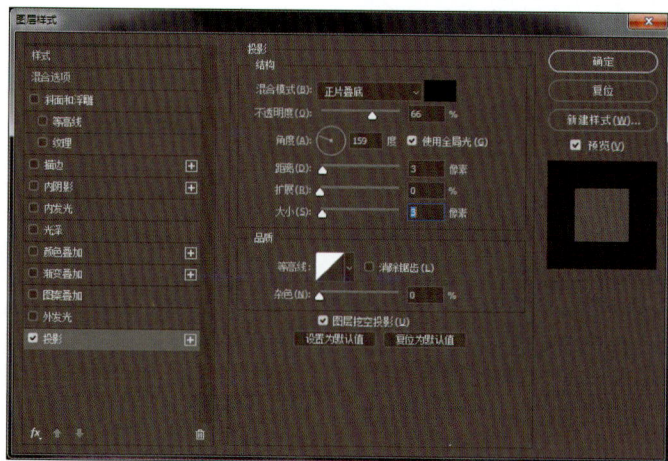

图 5-27　"投影"参数设置面板

图 5-28　投影效果

5.2.3　内阴影

　　"内阴影"则是在图形对象前面内部边缘位置添加阴影，使其产生凹陷效果。

5.2.4　外发光与内发光

　　"外发光"效果是沿图形对象内容的边缘向外创建发光效果。在"图层样式"对话框中单击"外发光"选项，即可切换到"外发光"参数设置面板，如图 5-29 所示。

　　外发光主要选项说明如下：

◆ 杂色：用于设置颗粒在外发光中的填充数量。数值越大，杂色越多；数值越小，杂色越少。

◆ 方法：用于设置发光的方法，以控制发光的准确程度，包括"柔和"和"精确"两个选项。

◆ 扩展：用于设置发光范围的大小。

◆ 大小：用于设置光晕范围的大小。

　　"内发光"效果是沿图层内容的边缘向内创建发光效果。在"图层样式"对话框中单击"内发光"选项，即可切换到"内发光"参数设置面板，如图 5-30 所示。

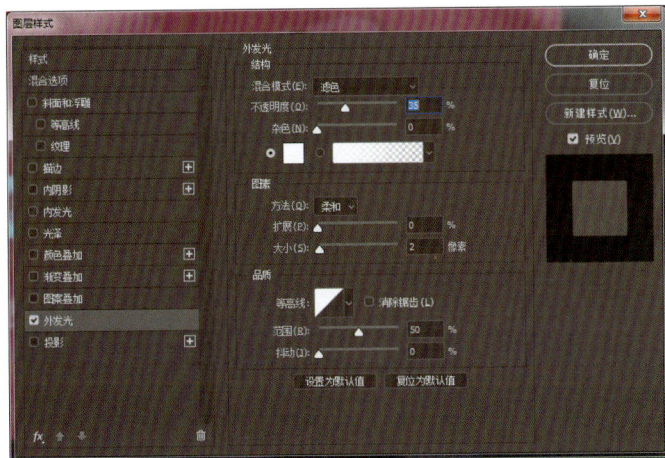

图 5-29　"外发光"参数设置面板

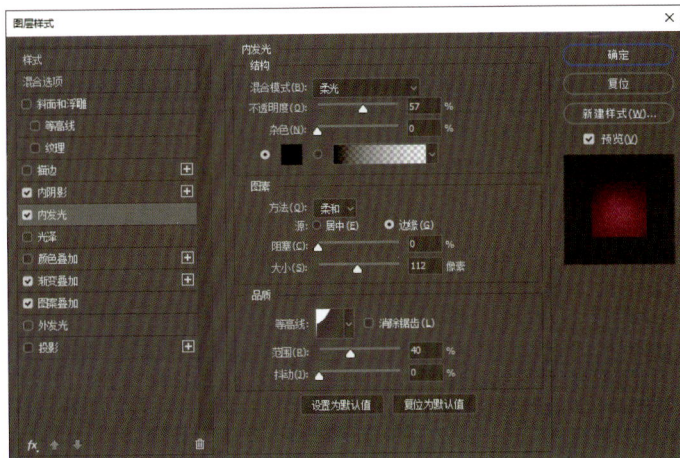

图 5-30　"内发光"参数设置面板

　　内发光主要选项说明如下：

◆ 源：用来控制发光光源的位置，包括"居中"和"边缘"两个选项。选择"居中"，将从图像中心向外发光；选中"边缘"，将从图像边缘向中心发光。

◆ 阻塞：用于设置光源向内发散的大小。

◆ 大小：用于设置内发光的大小。

5.2.5　光泽

　　"光泽"效果可以为图形对象添加光泽，通常用于创建金属表面的光泽外观。在"图层样式"对话框中单击"光泽"选项，即可切换到"光泽"参数设置面板。该效果没有特别的选项，但可以通过选择不同的"等高线"来改变光泽的样式。

5.2.6　图层样式混合选项

　　选择"图层—图层样式—混合选项"命令，或单击图层面板下方的"添加图层样式"按钮，在弹出的下拉菜单中选择"混合选项"命令，即可打开"混合选项"参数设置面板，如图 5-31 所示。

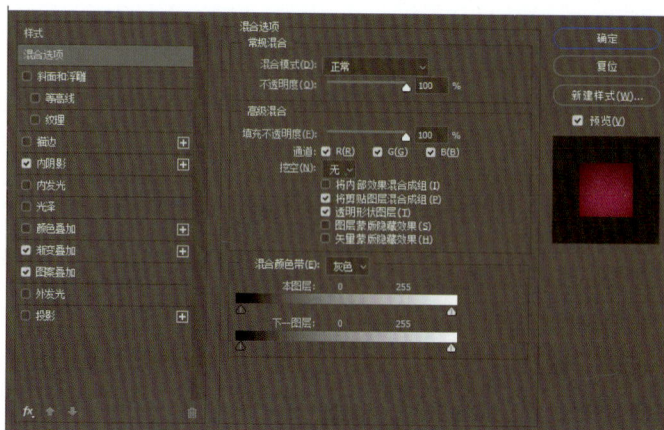

图 5-31 "混合选项"参数设置面板

其中,对话框中间提供了"常规混合""高级混合"以及"混合颜色带"三部分,其中的部分选项与"图层"面板中的选项是相对应的。

任务实施

1. 创建背景

Step 1:新建文档,宽850像素,高700像素,分辨率72像素/英寸。复制背景层,并命名为"背景图案",如图 5-32 所示。

Step 2:下面为背景添加纹理。首先载入提供的图案 cherry,选择背景图案层,在"图层样式"对话框中单击"图案叠加"选项,从列表中选择图案 cherry01,如图 5-33、图 5-34 所示。

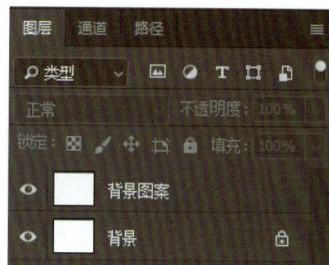

图 5-32 图层面板

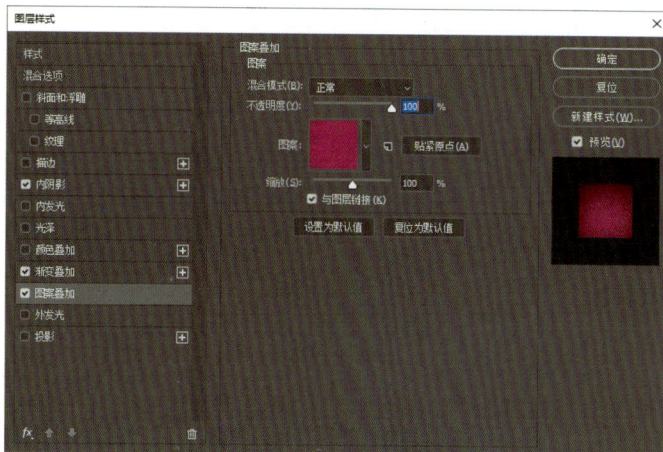

图 5-33 图案叠加

图 5-34 图案叠加效果

Step 3:双击"背景图案"层,打开"图层样式"对话框,设置内阴影,参数如下:混合模式:正片叠底;颜色:#2c1206;不透明度:75%;角度:120 度;使用全局光:不选;距离:3 像素;阻塞:0%;大小:140 像素,如图 5-35 所示。

渐变叠加,参数如下:混合模式:正片叠底;不透明度:20%;渐变:默认;反向:勾选;样式:线性;与图层对齐:勾选;角度:90 度;绽放:100%,如图 5-36 所示。

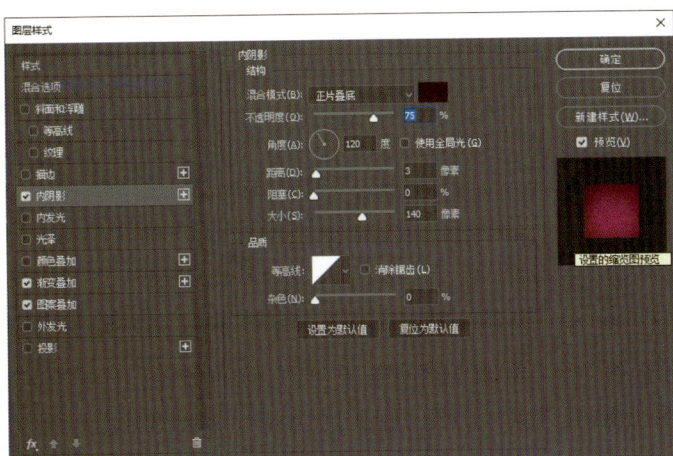

图 5-35　内阴影

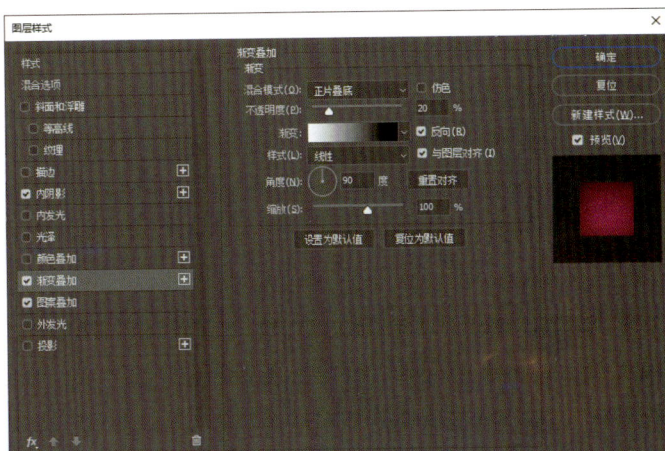

图 5-36　渐变叠加

Step 4：安装字体"Anja Eliane"，输入文字"CARAMELO"，设置字体为 Anja Eliane，大小为 100 点，如图 5-37 所示。

Step 5：为文本添加图层样式，设置投影，参数如下：混合模式：正片叠底；颜色：#000000；不透明度：20%；角度：90 度；使用全局光：勾选；距离：10 像素；扩展：50%；大小：20 像素，如图 5-38 所示，投影效果如图 5-39 所示。

图 5-37　输入文字

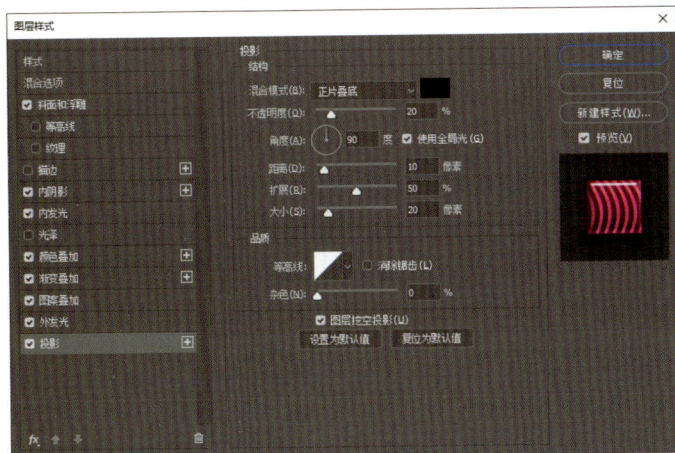

图 5-38　投影

图 5-39　投影效果

Step 6：设置图案叠加，图案选择"Wavy 图案"，如图 5-40 所示，图案叠加效果如图 5-41 所示。

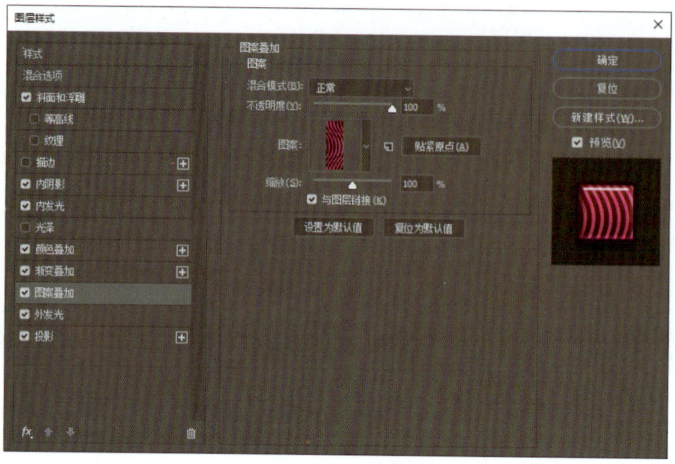

图 5-40　图案叠加

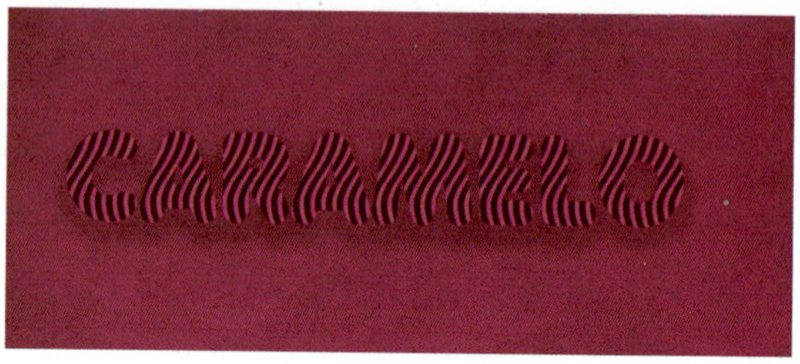

图 5-41　图案叠加效果

Step 7：为文字层设置内阴影，参数如下：混合模式：正片叠底；颜色：#2c1206；不透明度：90%；角度：172 度；使用全局光：不勾选；距离：5 像素；阻塞：0%；大小：5 像素，如图 5-42 所示，添加内阴影效果如图 5-43 所示。

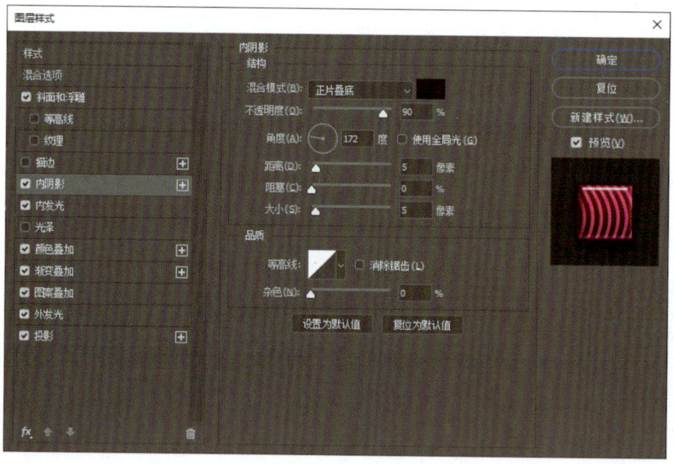

图 5-42　内阴影

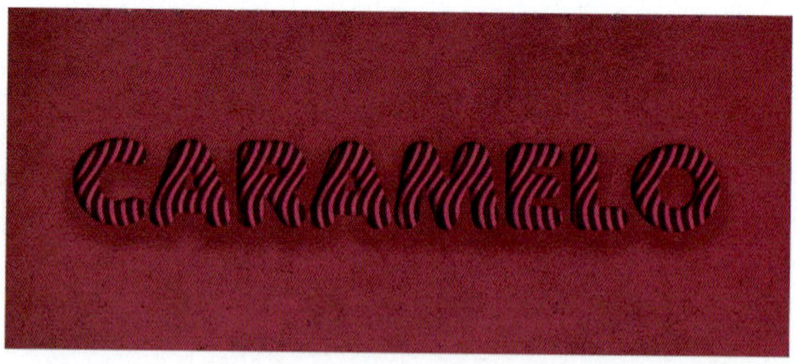

图 5-43　添加内阴影效果

Step 8：设置外发光效果，参数如下：混合模式：正常；不透明度：100%；杂色：0%；颜色：#2c1001；方法：柔和；扩展：0%；大小：5 像素；范围：4%；抖动：0%，如图 5-44 所示，外发光效果如图 5-45 所示。

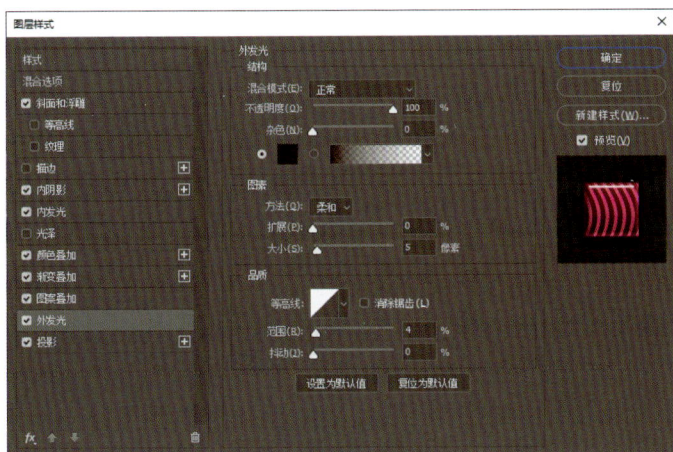

图 5-44　外发光

图 5-45　外发光效果

Step 9：设置内发光效果，参数如下：混合模式：颜色减淡；不透明度：32%；杂色：0%；颜色：#ffffbe；方法：柔和；边缘：勾选；阻塞：0%；大小：7 像素；等高线：锥形；范围：50%；抖动：0%，如图 5-46 所示，内发光效果如图 5-47 所示。

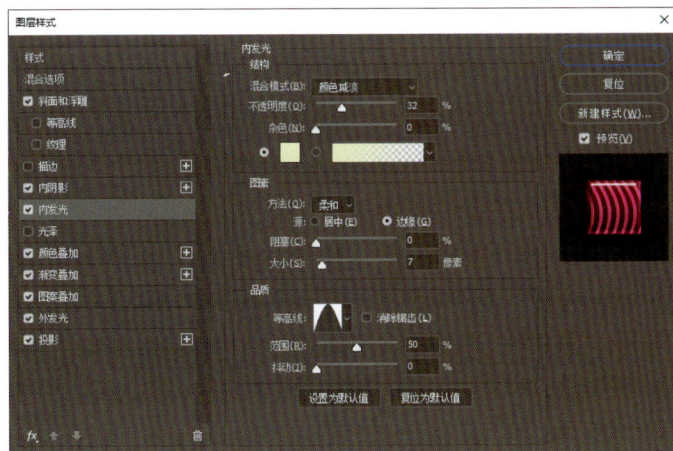

图 5-46　内发光

图 5-47　内发光效果

Step 10：设置斜面和浮雕，参数如下：样式：内斜面；方法：平滑；深度：72%；方向：上；大小：6 像素；软化：1 像素；角度：90 度；使用全局光：勾选；高度：80 度；高光模式：线性减淡；高光颜色：#ffffff；不透明度：100%；阴影模式：正常；阴影颜色：#fc00ff；不透明度：100%，如图 5-48 所示，斜面和浮雕效果如图 5-49 所示。

图 5-48　斜面和浮雕

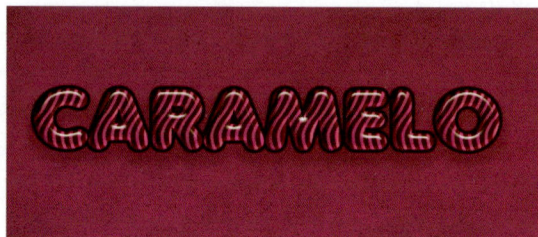

图 5-49　斜面和浮雕效果

　　Step 11：设置颜色叠加，参数如下：混合模式：颜色；颜色：#d00e69；不透明度：72%，如图 5-50 所示，颜色叠加效果如图 5-51 所示。

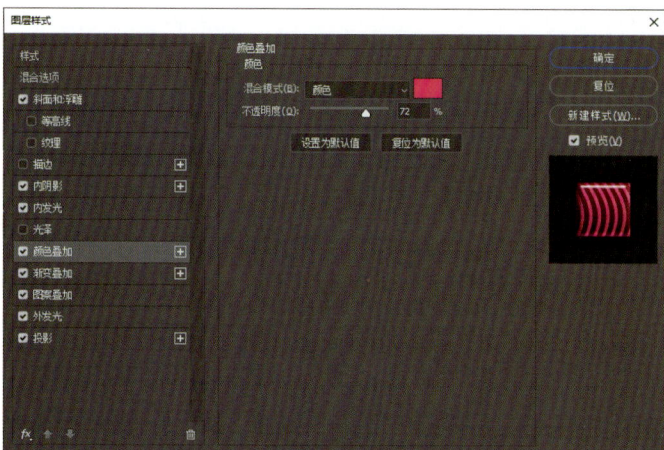

图 5-50　颜色叠加

图 5-51　颜色叠加效果

　　Step 12：添加渐变叠加效果，混合模式：叠加；不透明度：100%；反向：勾选；样式：线性；与图层对齐：勾选；角度：90 度；缩放：150%，如图 5-52 所示。

　　Step 13：渐变条设置如下：第 1 个色标：#c5c5c5，位置：0%；第 2 个色标：#303030，位置：100%，如图 5-53 所示。

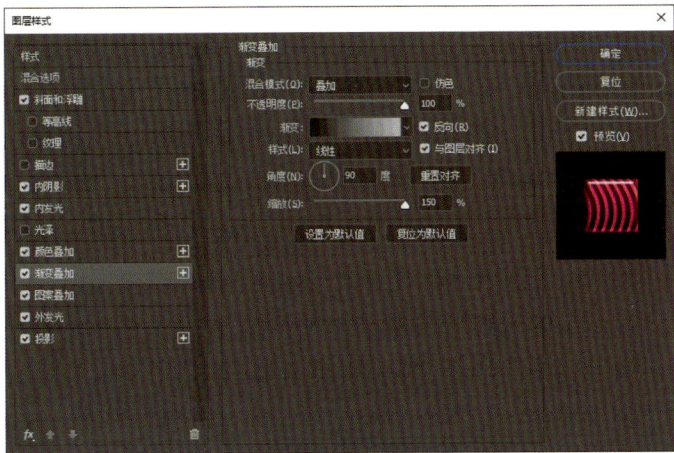

图 5-52　渐变叠加

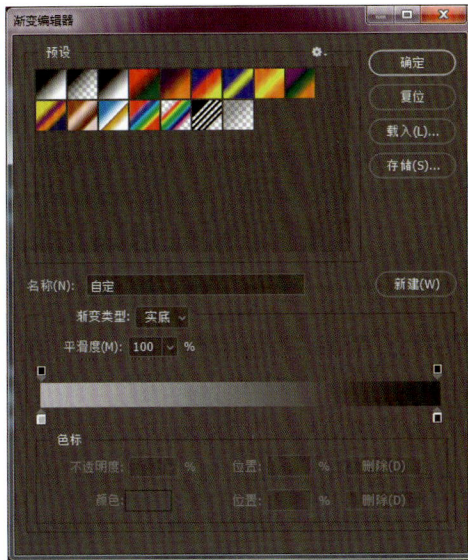

图 5-53　渐变设置

拓展任务　**制作播放图标（图 5-54）**

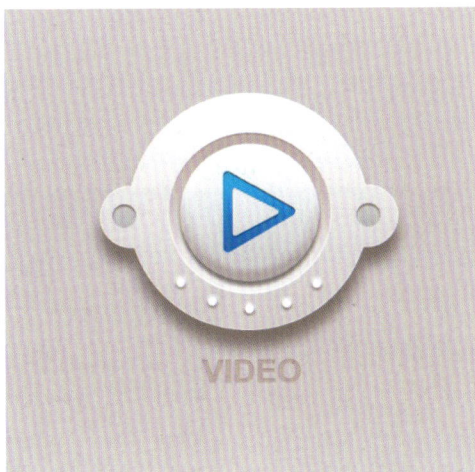

图 5-54　播放图标

设计思路：利用椭圆工具和多边形工具绘制图形，利用图层样式设计效果。

提示

　　"样式"面板用来保存、管理和应用图层样式。用户也可以将 Photoshop 提供的预设样式库，或外部样式库载入到该面板中。选择"窗口—样式"命令，可以打开"样式"面板。在 Photoshop 中，可以通过"样式"面板对图像或文字快速应用预设的图层样式效果，并且可以对预设样式进行编辑处理。

运动鞋创意广告

任务 3   制作运动鞋创意广告

图层混合模式用来设置当前图层如何与下方图层进行颜色混合，以制作出一些特殊的图像融合效果。本任务通过设置图层混合模式，来制作一种运动鞋创意广告（图5-55）。

图 5-55　任务效果展示

知识点讲解

混合模式

混合模式是一项非常重要的功能。图层混合模式是指当图像叠加时，上方图层和下方图层的像素进行混合，从而得到另外一种图像效果，且不会对图像造成任何破坏。再结合对图层不透明度的设置，可以控制图层混合后显示的深浅程度，常用于合成和特效制作中（图5-56）。

图 5-56　混合模式

在图层面板中，单击"图层混合模式"下拉按钮 正常 ，在弹出的"图层混合模式"下拉菜单中选择要设置的模式即可。

常用的图层混合模式有"正片叠底""叠加""滤色"等。由于混合模式用于控制上、下两个图层在叠加时所显示的整体效果，因此通常为上方的图层设置混合模式，图5-57列出了 Photoshop

提供的所有混合模式。

图 5-57　图层混合模式

1. 正片叠底

"正片叠底"是 Photoshop 中最常用的图层混合模式之一。通过"正片叠底"模式可以将图像的原有颜色与混合色复合，得到较暗的结果色。在"正片叠底"模式下，任何颜色与黑色复合产生黑色，与白色复合保持不变。对比图 5-58、图 5-59 所示，理解正片叠底效果。在进行图像合成时，常用"正片叠底"来添加阴影或保留图像中的深色部分。

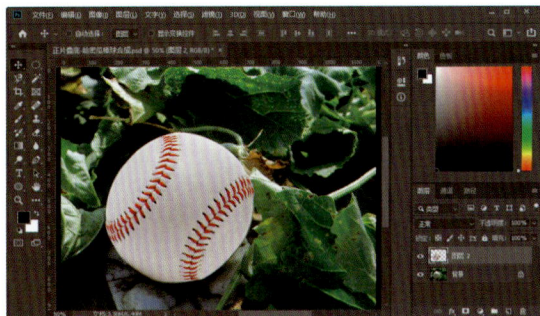

图 5-58　正常模式　　　　　　　　　　　图 5-59　正片叠底

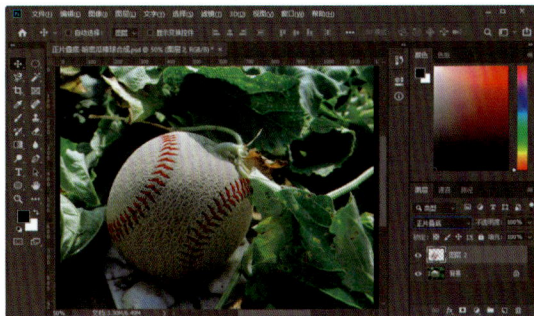

2. 滤色

"滤色"模式与"正片叠底"模式相反，应用"滤色"模式的合成图像，其结果色将比原有颜色更淡。因此"滤色"通常会用于加亮图像或去掉图像中的暗色调色部分，如图 5-60 所示。

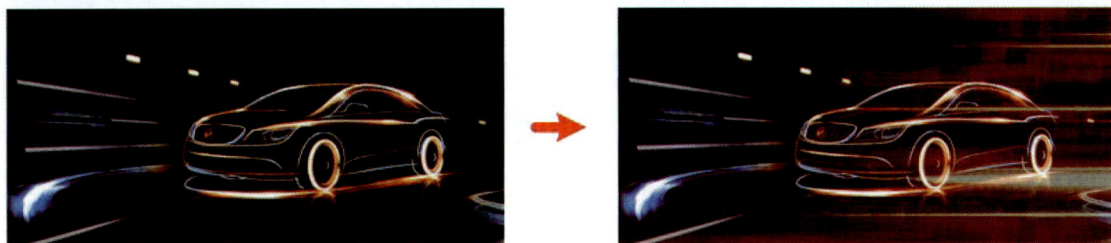

图 5-60　应用"滤色"模式前后效果对比

通过图 5-60 的对比，可见"滤色"就是保留两个图层中较白的部分，并且遮盖较暗部分的一种图层混合模式。

3. 叠加

"叠加"是"正片叠底"和"滤色"的组合模式。采用此模式合并图像时，图像的中间色调会发生变化，高色调和暗色调区域基本保持不变。当图像叠加后，图像的高色调和暗色调区域，如"黑色""白色"等没有变化，但图像的中间色调，如"褐色""蓝色"等都发生了或明或暗的变化。

4. 柔光

"柔光"是根据图像的明暗程度来决定图像的最终效果是变亮还是变暗。

5. 颜色减淡

"颜色减淡"主要用于查看每个通道的颜色信息，通过增加对比度来使底色变亮，从而显示当前图层的颜色。

6. 溶解

"溶解"是编辑或绘制每个像素使其成为结果色。根据像素位置的不透明度，结果色由基色或混合色的像素随机替换。

7. 明度

"明度"使用底色的色相和饱和度来创建最终的结果色。

任务实施

Step 1：新建一个文件，900 像素 ×648 像素，设置前景色为黑色，填充背景。

Step 2：打开素材 1.jpg，我们需要把运动鞋选取出来，由于背景都是白色，因此可以采用多种方式进行抠图，这里使用"魔棒工具"（当然，"快速选择工具"或"魔术橡皮擦工具"等都可以），在背景的白色区域单击，选中背景区域，按【Ctrl + Shift + I】键，反向选择，将鞋子选中，复制粘贴到我们的文档中，如图 5-61 所示。

Step 3：置入花的素材 2.png，移动到合适的位置，并设置图层混合模式为"柔光"，如图 5-62 所示。

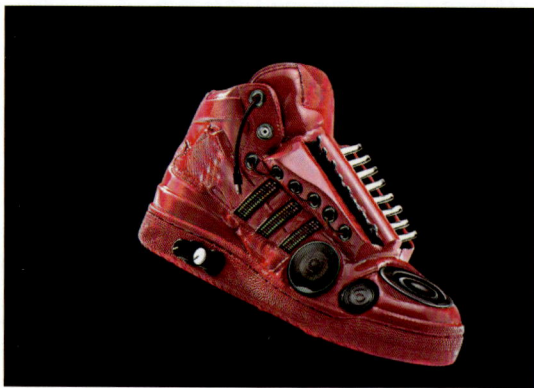

图 5-61　载入素材　　　　　　　　　　图 5-62　设置花素材混合模式 1

Step 4：将花的图层复制一份，移动到鞋子的上方，将混合模式设置为"明度"，如图 5-63 所示。

Step 5：将花的复本图层栅格化，选择橡皮擦工具，将鞋子以外部分的花瓣擦除，如图 5-64 所示。

图 5-63　设置花素材混合模式 2

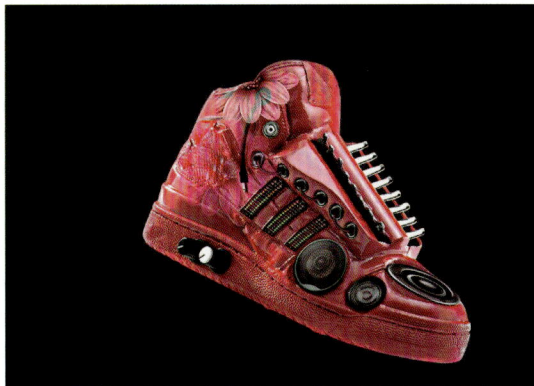

图 5-64　擦除多余部分

Step 6：置入彩条素材，将图层混合模式设置为"颜色减淡"，降低图层不透明度到 40%，效果如图 5-65 所示。

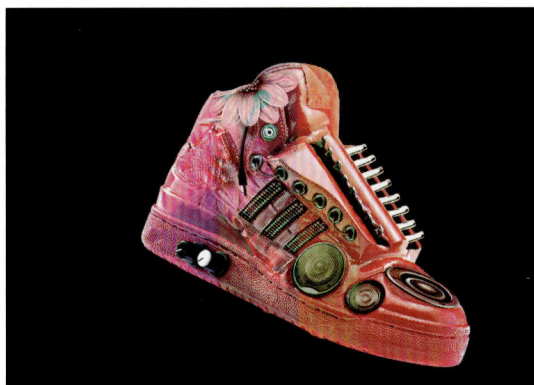

图 5-65　颜色减淡效果

Step 7：置入光效素材 4.jpg，并设置图层混合模式为"滤色"，如图 5-66 所示。

图 5-66　滤色效果

Step 8：在背景上方新建一个图层，利用画笔工具，在当前文档中吸取已有的颜色（在使用画笔时按【Alt】键可以切换到吸管工具），绘制如图 5-67 所示的图案。

Step 9：将其他图层显示出来，效果如图 5-68 所示。

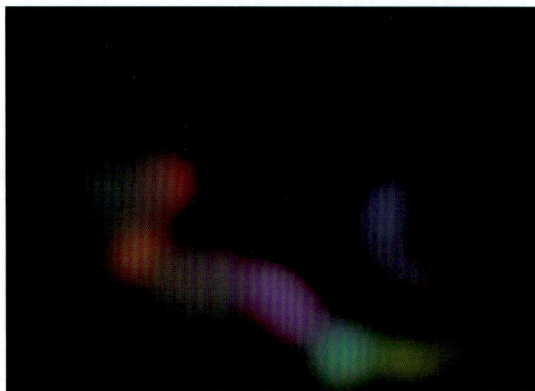

图 5-67　绘制图案

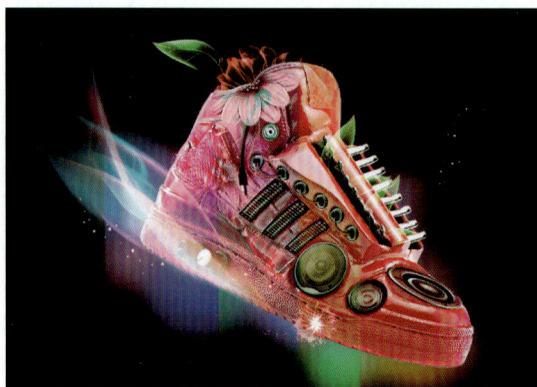

图 5-68　中间效果

Step 10：将刚绘制的图案图层复制一份，设置图层混合模式为"溶解"，适当降低不透明度，如图 5-69 所示。

Step 11：置入 5.jpg，并将图层放置在鞋子图层的下面，如图 5-70 所示。

图 5-69　溶解模式

图 5-70　移动图层位置

Step 12：置入素材 6.png，放置在鞋子图层的上方，完成效果制作，如图 5-55 所示。

拓展任务　**制作女装海报（图 5-71）**

图 5-71　女装海报

设计思路：利用图层样式添加投影，利用文字工具输入文字，利用矩形工具绘制文字背景。

任务 4　我型我秀

本任务使用图层的混合模式和不透明度，制作背景效果；执行"圆角矩形工具""创建剪贴蒙版"命令，添加人物照片；使用"横排文字工具""字符"面板和图层样式，添加文字（图 5-72）。

图 5-72　任务效果展示

知识点讲解

5.4.1　线性加深

该模式可以查看每个通道中的颜色信息，并通过减小亮度使基色变暗以反映混合色。与白色混合后不发生变化，如图 5-73 所示。

线性加深

图 5-73　线性加深

5.4.2　颜色加深

该模式将增强当前图层与下面图层之间的对比度，使图层的亮度降低，色彩加深，与白色混合后不产生变化，如图 5-74 所示。

图 5-74　颜色加深

5.4.3　变亮

该模式与"变暗"模式的效果相反，选择基色或混合色中较亮的颜色作为结果色。比混合色暗的像素被替换，比混合色亮的像素保持不变，效果如图 5-75 所示。

图 5-75　变亮

任务实施

Step 1：打开素材 01.jpg，作为其背景，置入墨迹素材 02.png，拖到适当的位置，设置混合模式为"线性加深"，如图 5-76 所示。

Step 2：置入墨迹素材 03.png，拖到适当的位置，设置混合模式为"颜色加深"，适当降低不透明度，如图 5-77 所示。

图 5-76 打开素材

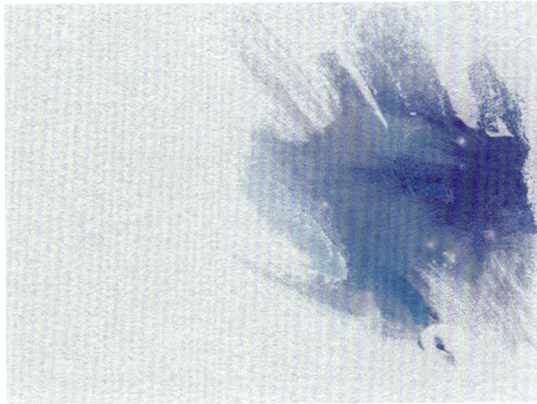

图 5-77 颜色加深

Step 3：置入线条素材 04.png，拖到适当的位置，设置混合模式为"变亮"，如图 5-78 所示。

图 5-78 变亮

Step 4：置入线条素材 04.png，拖到适当的位置，按图 5-79 所示添加图层样式"颜色叠加"，效果如图 5-80 所示。

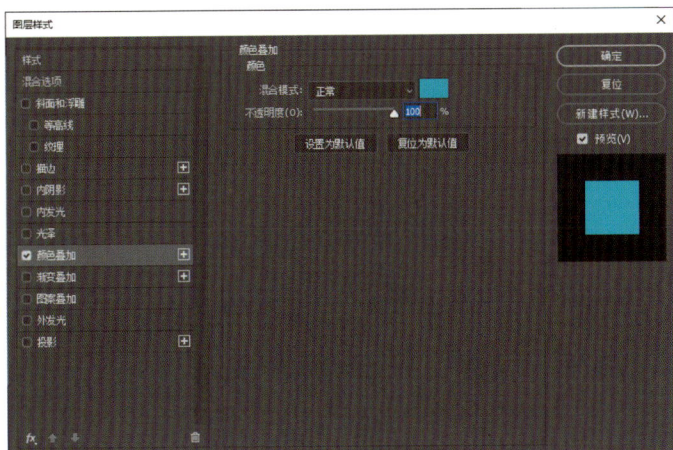

图 5-79 图层样式

图 5-80 颜色叠加效果

Step 5：导入人像素材，移动到合适的位置，为图层添加"投影"样式，按图 5-81 所示进行设置，完成的效果如图 5-82 所示。

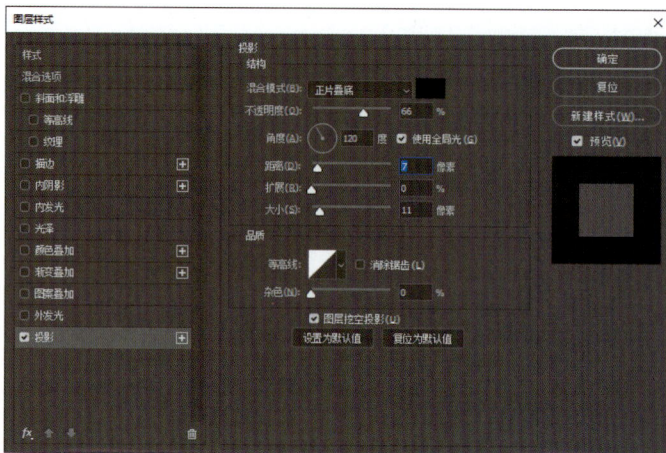

图 5-81　投影

图 5-82　投影效果

Step 6：利用圆角矩形工具，绘制一个圆角矩形，设置"描边"样式，置入人物素材 07.png，适当调整大小，移动到圆角矩形的上面，创建剪贴蒙版，效果如图 5-83 所示。

图 5-83　添加其他人物素材

Step 7：应用同样的方法，完成第二个人物素材的处理，然后输入所需的文字，完成效果的制作，如图 5-72 所示。

拓展任务　制作光线效果图（图 5-84）

图 5-84　光线效果

◎ 测一测

测试项目　制作饮品创意海报（图 5-85）

图 5-85　饮品创意海报

模块6 | 矢量图像绘制

知识目标

通过扁平人物插画绘制、手机图标绘制、箱包促销广告绘制三个任务的实现，熟悉矢量工具的使用方法，掌握矢量创意绘图的方法和技巧，能够熟练完成学习任务、拓展任务，并通过测试。

技能目标

具备灵活使用矢量工具进行绘图的能力，具备一定的插画绘制及设计能力。

素养目标

培养学生团队协作、积极进取的精神，具有一定的审美观、鉴赏能力，具备良好的职业道德和沟通交流能力，具备独立思考和认真钻研的良好品质。

任务 1　扁平人物插画绘制

本任务将综合使用钢笔工具绘制扁平人物插画（图6-1）。

知识点讲解

矢量图像也可以叫作向量式图像，顾名思义，它是以数学式的方法记录图像的内容。其记录的内容以线条和色块为主，由于记录的内容比较少，不需要记录每一个点的颜色和位置等，所以它的文件容量比较小，这类图像很容易进行放大、旋转等操作，且不易失真，精确度较高，所以在一些专业的图形绘制软件中应用较多。但同时，正是由于上述原因，这种图像类型不适于制作一些色彩变化较大的图像，且由于不同软件的存储方法不同，在不同软件之间的转换也有一定的困难。

路径是由贝塞尔曲线构成的图形。贝塞尔曲线则是由锚点、线段、方向线与方向点组成的线段。由于贝塞尔曲线具有精确和易于修改的特点，被广泛应用于计算机图形领域，用于定义和编辑图像的区域。使用贝塞尔曲线可以精确定义一个区域，并且可以将其保存以便重复使用。

图 6-1　任务效果展示

6.1.1　认识路径面板

"路径"面板默认情况下与"图层"面板在同一面板组中，其主要用于存储和编辑路径。下面熟悉一下"路径"面板的组成，如图 6-2 所示。

6.1.2　钢笔工具

"钢笔工具" 用于绘制自定义的形状或路径。选择工具箱中的"钢笔工具"，在其选项栏中设置相应的工具模式，即可在画布中绘制形状或路径，如图 6-3 所示。

钢笔工具

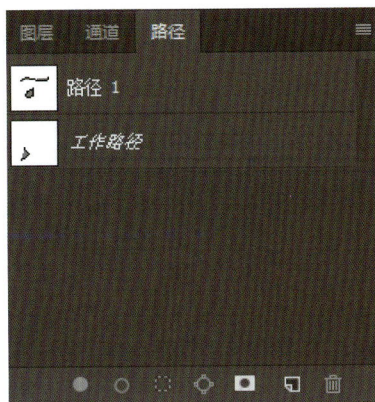

图 6-2　路径面板

图 6-3　形状和路径

钢笔工具绘制路径，可分为绘制直线路径和绘制曲线路径，具体讲解如下。

绘制直线路径：选择钢笔工具，在图像的绘制窗口内单击，可创建路径的第一个锚点。在该锚点附近再次单击，两个锚点之间即会形成一条直线路径，如图 6-4 所示。另外，在绘制直线路径时，按住【Shift】键不放，可绘制水平线段、垂直线段或 45 度倍数的斜线段。

绘制曲线路径：使用"钢笔工具"绘制曲线路径时，可以通过单击并拖曳鼠标的方法直接创建曲线。选择钢笔工具，创建路径的第一个锚点。在该锚点附近再次单击并拖曳鼠标创建一个"平滑点"，两个锚点之间会形成一条曲线路径，如图 6-5 所示。

图 6-4　直线路径

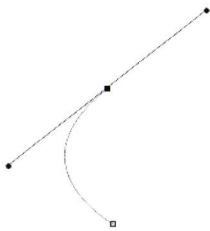

图 6-5　曲线路径

使用"钢笔工具"绘制曲线路径时，按住【Ctrl】键不放，会将钢笔工具暂时变为"直接选择工具"，可以调整曲线路径的弧度。按住【Alt】键不放，会暂时将钢笔工具转换为"转换点工具"。这时单击"平滑点"可将其转换为"角点"，如图 6-6 所示。

调整曲线路径　　　　　　　　　　　　　锚点转换

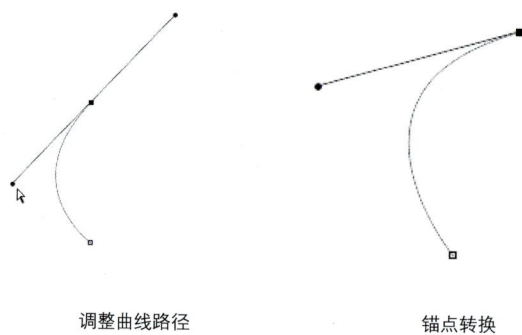

图 6-6　锚点转换

6.1.3　调整路径

所谓锚点，是指路径上用于标记关键位置的转换点。通常路径由一条或多条直线段或曲线段组成，线段的起始点和结束点由"锚点"标记，调整路径如图 6-7 所示。

当绘制的路径或形状不符合需求时，可以使用"直接选择工具" 对路径进行调整。将鼠标定位在"路径选择工具" 上，单击鼠标右键，在弹出的工具组中选择第二项，即可选中"直接选择工具"，如图 6-8 所示。

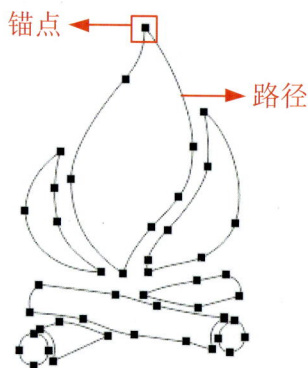

锚点 ←

→ 路径

路径选择工具　A
直接选择工具　A

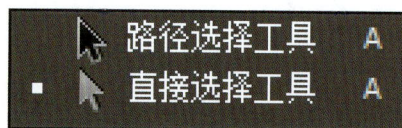

图 6-7　调整路径 1　　　　　　　**图 6-8　路径选择工具**

使用"直接选择工具"单击一个锚点，即可选中该锚点。被选中的锚点为实心方块，未选中的锚点为空心方块。用鼠标拖动已选中的锚点或使用键盘的"→""←""↑""↓"方向键，可以移动锚点，从而调整相应的路径，如图 6-9 所示。

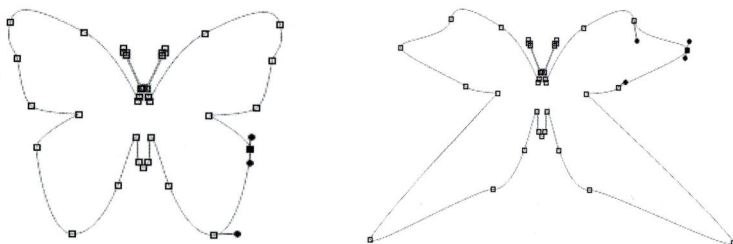

图 6-9　调整路径 2

通过"转换点工具"可以实现"平滑点"和"角点"之间的相互转换。通过"直接选择工具"选择路径，然后选择钢笔工具组中的"转换点工具"，将光标移至要转换的锚点上，即可在角点与平滑点之间进行转换。

将"平滑点"转换为"角点"：用鼠标直接在"平滑点"上单击即可将"平滑点"转换为"角点"，如图 6-10 所示。

图 6-10　"平滑点"转换为"角点"

将"角点"转换为"平滑点"：按住鼠标左键不放，拖曳鼠标，即可将"角点"转换为"平滑点"，如图 6-11 所示。

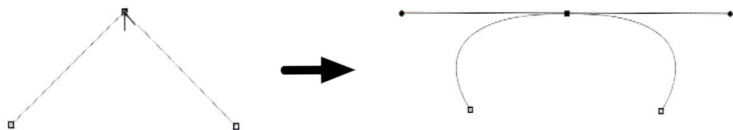

图 6-11　"角点"转换为"平滑点"

在使用钢笔工具时，按住【Alt】键不放，可将钢笔工具临时转换为"转换点工具"。

6.1.4　添加和删除锚点

使用"添加锚点工具"，可以在路径中添加锚点，如图 6-12 所示。将钢笔工具移动到已创建的路径上，若当前没有锚点，则"钢笔工具"会临时转换为"添加锚点工具"，使用该工具在路径上单击即可添加一个锚点，如图 6-13 所示。

"删除锚点工具"用于删除路径上已经存在的锚点。将钢笔工具放在路径的锚点上，则"钢笔工具"会临时转换为"删除锚点工具"，单击锚点将其删除，如图 6-14 所示。

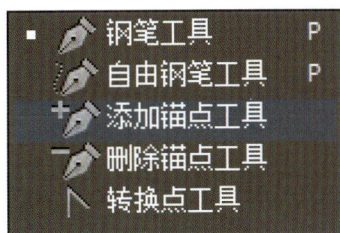

图 6-12　添加锚点工具　　　图 6-13　添加锚点　　　图 6-14　删除锚点

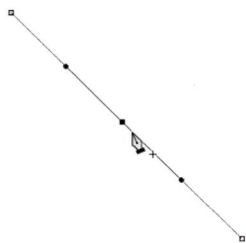

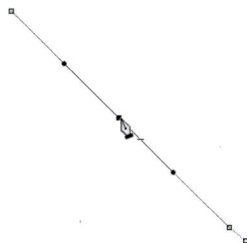

6.1.5　创建路径文字

路径文字是指创建在路径上的文字，文字会沿着路径排列，改变路径形状时，文字的排列方式也会随之改变。

选择"钢笔工具"，在图像窗口中创建一条曲线路径。然后，选择"横排文字工具"，在选项栏中设置"字体"为黑体、"字体大小"为 36 点、"颜色"为红色，效果如图 6-15 所示。

图 6-15　路径文字 1

移动鼠标至曲线路径上，当光标状态变为 ⬙ 形状时，单击鼠标左键确定插入点并输入文字，文字即会沿路径排列。执行"窗口—字符"命令，弹出字符面板，设置文字数值。按下【Ctrl + H】键隐藏路径，参数及效果如图 6-16 所示。

图 6-16　路径文字 2

6.1.6　栅格化文字图层

使用文字工具输入的"文字"是矢量图形，无法在 Photoshop 中进行绘图及滤镜操作，只有"栅格化文字图层"才可以制作更加丰富的效果。具体操作如下：

输入文字，选择文字图层，执行"图层—栅格化文字"命令，即可将文字图层栅格化为普通图层。然后，可以对栅格化的文字图层进行各种编辑，效果如图 6-17、图 6-18 所示。

图 6-17　文字图层

图 6-18　栅格化为普通图层

> **提示**
>
> 　　宣传单是商家为宣传自己制作的一种印刷品，主要分为营业点宣传、派发宣传单、张贴宣传单和搭配商品赠送。本例制作的宣传单为派发宣传单，标准 8K 宣传单一般是 420 mm×285 mm，带出血可设置为 426 mm×291 mm；标准 16K 宣传单一般是 210 mm×285 mm，带出血可设置为 212 mm×287 mm。

任务实施

Step 1：新建 580 像素 ×990 像素的文档，分辨率为 72 像素 / 英寸，背景为白色。

Step 2：新建图层，命名为"头发"，选择钢笔工具，先绘制头发路径，如图 6-19 所示，

Step 3：设置前景色为蓝色（#272b75），选择头发图层为当前图层，按【Ctrl + Enter】键，将路径转化为选区，用前景色填充，效果如图 6-20 所示。

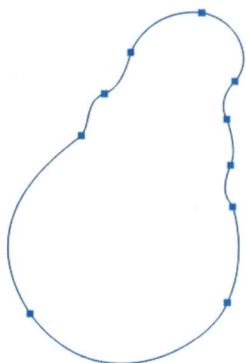

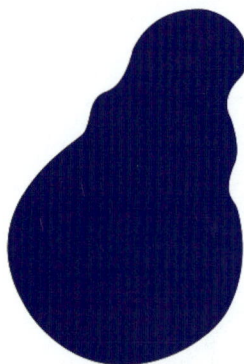

图 6-19　头发路径　　　　　　　　　　图 6-20　头发路径填充效果

Step 4：新建图层，命名为"头部"，利用钢笔工具绘制头部路径，并填充一种类似皮肤的颜色（#feb779），将头部图层移动到头发图层下面，效果如图 6-21 所示。

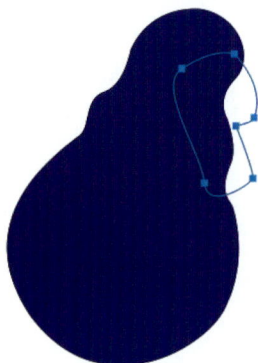

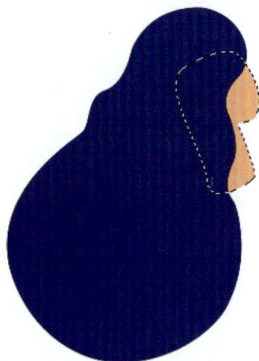

图 6-21　绘制头部

Step 5：新建图层，命名为"左臂"，使用钢笔工具绘制左臂路径，填充颜色（#f2a16a），并移动图层到头部下面，效果如图 6-22 所示。

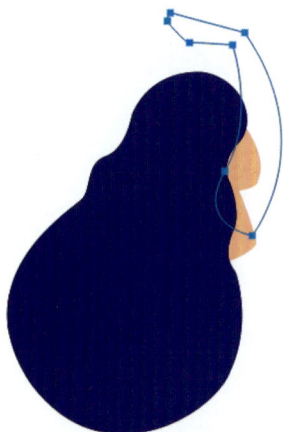

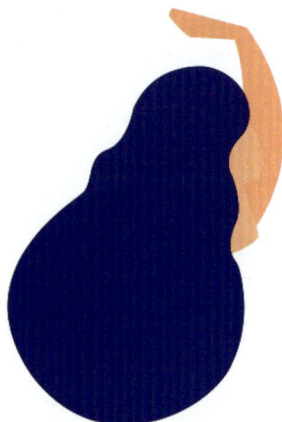

图 6-22　绘制左臂

Step 6：新建图层，命名为"衣服"，使用钢笔工具绘制衣服路径，按【Ctrl + Enter】键，将路径转换为选区，设置前景色为紫色（#c1236d），填充选区，完成后的效果如图 6-23 所示。

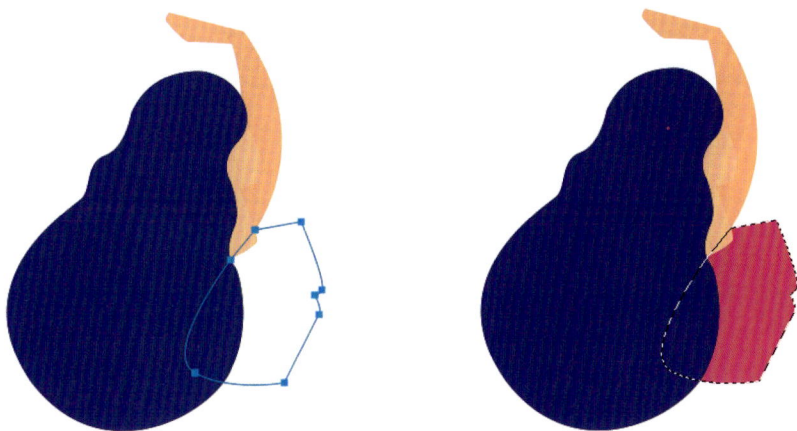

图 6-23　绘制衣服

Step 7：新建图层，命名为"右臂"，使用钢笔工具绘制右臂路径，按【Ctrl + Enter】键，将路径转换为选区，设置前景色为皮肤色（#f2a16a），填充选区，将"右臂"图层移动到衣服图层下，完成后的效果如图 6-24 所示。

图 6-24　绘制右臂

Step 8：新建图层，命名为"裙子"，使用钢笔工具绘制裙子路径，按【Ctrl + Enter】键，将路径转换为选区，设置前景色为蓝色(#4586fa)，填充选区，移动到衣服图层下面，如图 6-25 所示。

图 6-25　绘制裙子

Step 9：新建图层，命名为"腿"，使用钢笔工具绘制腿路径，按【Ctrl + Enter】键，将路径转换为选区，设置前景色为皮肤色（#f2a16a），填充选区，将"腿"图层移动到裙子图层下面，完成后的效果如图 6-26 所示。

Step 10：新建图层，命名为"鞋子"，使用钢笔工具绘制鞋子的路径，按【Ctrl + Enter】键，将路径转换为选区，设置前景色为蓝色，填充选区，将"鞋子"图层移动到腿图层的上面，完成后的效果如图 6-27 所示。

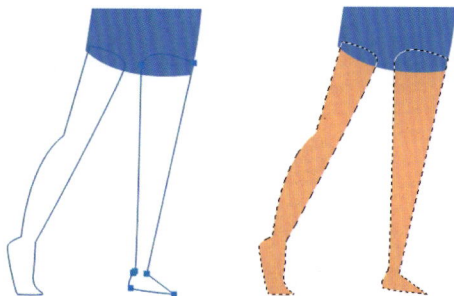

图 6-26　绘制腿

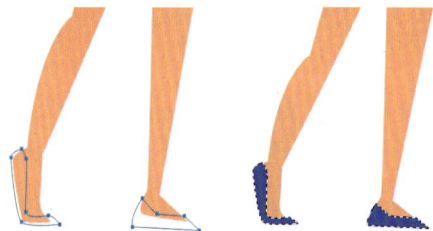

图 6-27　绘制鞋子

🔓 **拓展任务** **插画设计（图 6-28）**

图 6-28　插画

设计思路：综合利用各种形状工具。

任务 2 手机图标绘制

本任务学习绘制手机图标的方法，效果展示如图 6-29 所示。

图 6-29 任务效果展示

知识点讲解

6.2.1 直线工具

与"椭圆工具" ⬭ 和"多边形工具" ⬡ 类似，"直线工具" ╱ 也是形状工具组的工具之一。将鼠标定位在"矩形工具" ▢ 上，单击鼠标右键，在弹出的工具组菜单中单击第 5 项，即可选中"直线工具"，如图 6-30 所示。

在"直线工具"的选项栏中，"粗细"选项 粗细： 1像素 用于设置所绘制直线的粗细。此外，单击其中的 ⚙ 按钮，会弹出图 6-31 所示的"箭头"面板，可以为直线添加箭头。

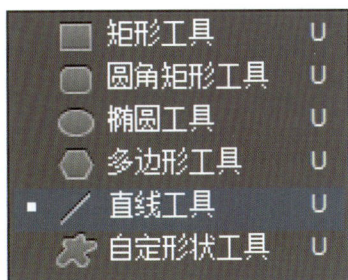

直线工具

图 6-30 直线工具

图 6-31 "箭头"面板

"箭头"面板中，各选项的具体说明如下：

◆ □起点 □终点 ：勾选"起点"或"终点"前面的复选框，可在线段的"起点"或"终点"位置添加箭头。

◆ 宽度：用于设置箭头的宽度与直线宽度的百分比，范围为 10% ～ 1 000%。

◆ 长度：用于设置箭头的长度与直线宽度的百分比，范围为 10% ～ 1 000%。

◆ 凹度：用于设置箭头的凹陷程度，范围为 −50% ～ 50%。该值为 0% 时，箭头尾部平齐；大于 0% 时，向内凹陷；小于 0% 时，向外突出。

注意：按住【Shift】键不放，可沿水平、垂直或 45 度倍数方向绘制直线。

6.2.2   圆角矩形工具

"圆角矩形工具" 常用来绘制具有圆滑拐角的矩形。在使用"圆角矩形工具"时，需要先在其选项栏中设置圆角的"半径"，如图 6-32 所示。

图 6-32   "圆角矩形工具"选项栏

在"圆角矩形工具"的选项栏中，"半径"用来控制圆角矩形圆角的平滑程度，半径越大越平滑，当半径为 0 时，创建的矩形为直角矩形，如图 6-33 所示。

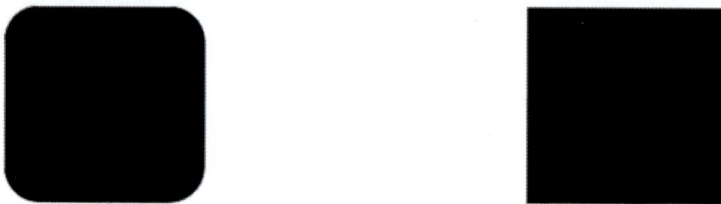

图 6-33   半径效果

6.2.3   矩形工具

"矩形工具" 是形状工具组最基础的工具之一。使用"矩形工具"可以很方便地绘制矩形或正方形，其绘制技巧与"矩形选框工具"类似，具体如下：

◆ 按住【Shift】键的同时拖动鼠标，可创建一个正方形。
◆ 按住【Alt】键的同时拖动鼠标，可创建一个以单击点为中心的矩形。
◆ 按住【Shift + Alt】键的同时拖动鼠标，可以创建一个以单击点为中心的正方形。

6.2.4   椭圆工具

"椭圆工具"作为形状工具组的基础工具之一，常用来绘制正圆或椭圆。将鼠标定位在"矩形工具"上，单击鼠标右键，会弹出形状工具组。这时，使用鼠标左键单击工具组中的第 3 项"椭圆工具"，即可选中"椭圆工具"，如图 6-34 所示。

选中"椭圆工具"后，按住鼠标左键在画布中拖动，即可创建一个椭圆，如图 6-35 所示。

使用"椭圆工具"创建图形时，有一些实用的小技巧，具体如下：

◆ 按住【Shift】键的同时拖动，可创建一个正圆。
◆ 按住【Alt】键的同时拖动，可创建一个以单击点为中心的椭圆。
◆ 按住【Alt + Shift】键的同时拖动，可以创建一个以单击点为中心的正圆。
◆ 使用【Shift + U】键可以快速切换形状工具组里的工具。

选中"椭圆工具"后，在画布中单击鼠标左键，会自动弹出"创建椭圆"对话框，可自定义宽度值和高度值，如图 6-36 所示。

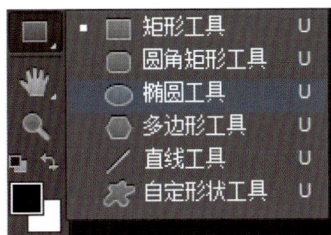

图 6-34　选中"椭圆工具"　　　图 6-35 创建椭圆　　　图 6-36　"创建椭圆"对话框

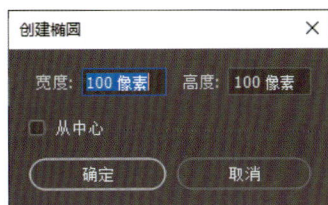

"椭圆工具"属性栏如图 6-37 所示。

图 6-37　"椭圆工具"属性栏

对"椭圆工具"选项栏中一些常用选项的解释如下：

：单击"形状"右侧的 按钮，会弹出一个下拉框，该下拉框中包含形状、路径和像素三个选项，如图 6-38 所示。

：单击该按钮，在弹出的下拉面板中，可以设置填充颜色，如图 6-39 所示。

：单击该按钮，在弹出的下拉面板中，可以设置描边颜色。

图 6-38　下拉框　　　图 6-39　填充颜色

：用于设置描边的宽度。

：单击该按钮，在弹出的下拉面板中，可以设置描边、端点及角点类型，如图 6-40 所示。

：用于设置椭圆的水平直径。

：保持长宽比，单击此按钮，可按当前元素的比例进行缩放。

：用于设置椭圆的垂直直径。

图 6-40　线形设置

6.2.5　形状的布尔运算

同选区类似，形状之间也可以进行"布尔运算"。通过布尔运算，使新绘制的形状与现有形状之间进行相加、相减或相交，从而形成新的形状。单击形状工具组选项栏中的"路径操作"按钮 ，在弹出的下拉菜单中选择相应的布尔运算方式即可，如图 6-41 所示。

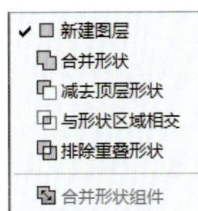

图 6-41　路径操作下拉框

◆ 新建图层：为所有形状工具的默认编辑状态。选择"新建图层"后，绘制形状时都会自动创建一个新的形状图层。

◆ 合并形状：选择"合并形状"后，将要绘制的形状会自动合并至当前形状所在图层，并与其合并成为一个整体。

◆ 减去顶层形状：选择"减去顶层形状"后，将要绘制的形状会自动合并至当前形状所在图层，并减去后绘制的形状部分，如图 6-42 所示。

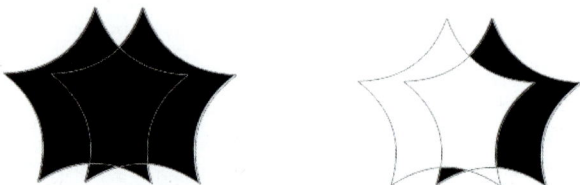

图 6-42   减去顶层形状

◆ 与形状区域相交：选择"与形状区域相交"后，将要绘制的形状会自动合并至当前形状所在图层，并保留形状重叠部分。

◆ 排除重叠形状：选择"排除重叠形状"后，将要绘制的形状会自动合并至当前形状所在图层，并减去形状重叠部分。

◆ 合并形状组件："合并形状组件"用于合并进行布尔运算的图形，如图 6-43 所示。

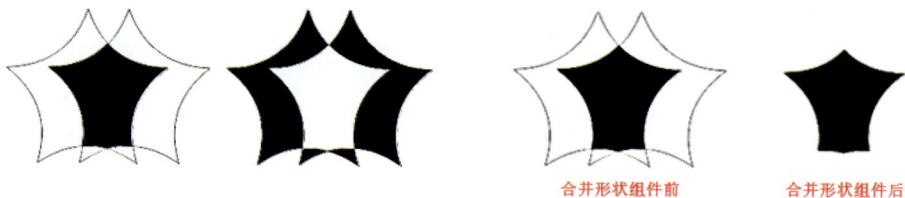

合并形状组件前   合并形状组件后

图 6-43   合并形状组件

任务实施

1. 绘制照相机图标

Step 1：新建文档，设置背景为白色，选择圆角矩形工具，在图像中单击，弹出"创建圆角矩形"对话框，设置宽度和高度分别为 256 像素，圆角半径为 32 像素，填充色为蓝色，绘制一个圆角矩形，如图 6-44 所示。

Step 2：选择矩形工具，在属性栏中选择"减去顶层形状"按钮 ▣，绘制一个矩形，如图 6-45 所示。

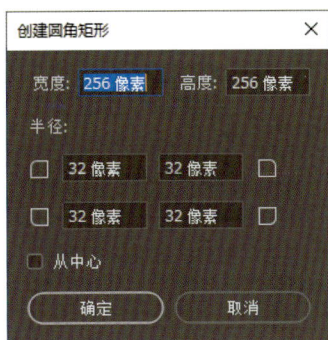

图 6-44　创建圆角矩形　　　　　　　　图 6-45　绘制矩形

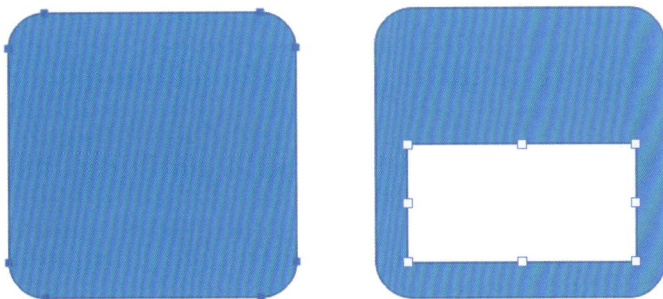

Step 3：选择椭圆工具，在属性栏中选择"合并形状"按钮，绘制一个圆形，如图 6-46 所示。

Step 4：选择该圆形，复制并粘贴，按【Ctrl + T】键，对复制出来的圆进行变换，适当缩小，并设置为"减去顶层形状"，如图 6-47 所示。

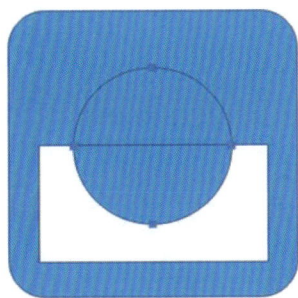

图 6-46　添加圆形 1　　　　　　　　图 6-47　添加圆形 2

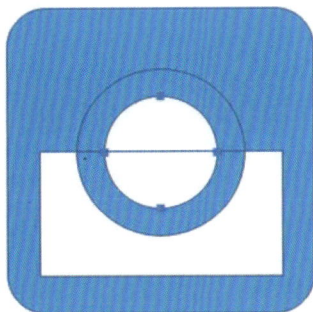

Step 5：复制小圆并粘贴，按【Ctrl + T】键，对复制出来的圆进行变换，适当缩小，并移动到合适的位置，如图 6-29 所示，完成效果的制作。

2. 绘制"设置"图标

Step 1：新建文档，选择圆角矩形工具，在文档中绘制圆角矩形，大小为 256 像素 × 256 像素，设置填充色为灰色，作为图标的背景，以圆角矩形的中心为原点，拖入 2 条参考线，效果如图 6-48 所示。

Step 2：选择椭圆工具，以参考线交点为中心，绘制一个白色圆形，如图 6-49 所示。

Step 3：选中椭圆所在层，继续选择椭圆工具，在属性栏中选择"减去顶层形状"按钮 ，绘制一个圆形，移动到合适位置，如图 6-50 所示。

Step 4：选中小的椭圆，按【Ctrl + T】键，对小椭圆进行变换，将对称中心移动到白色圆形的中心，设置旋转角度为 45 度，按【Enter】键确认，如图 6-51 所示。

图 6-48　绘制圆角矩形背景　　　图 6-49　添加圆形　　　图 6-50　绘制圆形

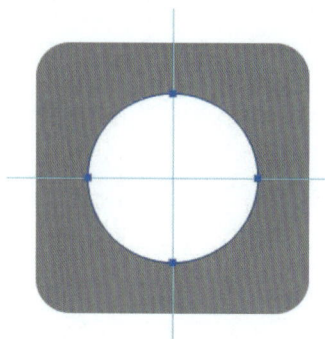

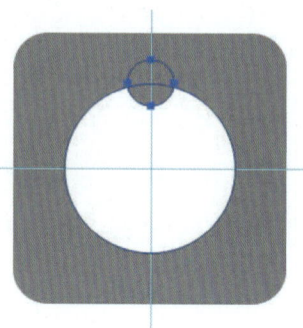

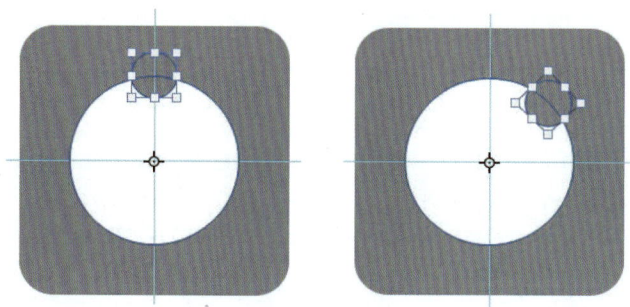

图 6-51　变换 1

Step 5：按【Ctrl + Shift + Alt + T】键进行变换，如图 6-52 所示。

Step 6：再以白色大圆中心为圆心，在属性栏中选择"减去顶层形状"按钮，绘制一个圆，如图 6-53 所示，完成效果的制作。

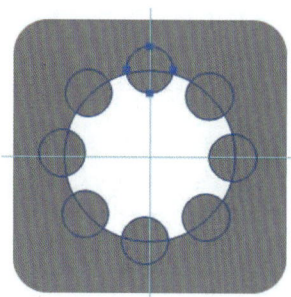

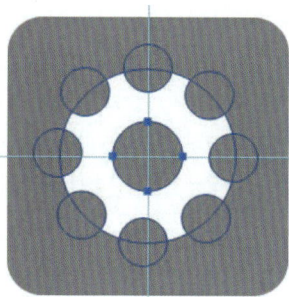

图 6-52　变换 2　　　图 6-53　减去圆形区域

3. 绘制抖音图标

Step 1：选择圆角矩形工具，设置填充方式为渐变填充，设置渐变色为深紫色到黑色，渐变方式为径向渐变，如图 6-54 所示，效果如图 6-55 所示。

Step 2：选择椭圆工具，绘制一个白色的圆形，如图 6-56 所示。

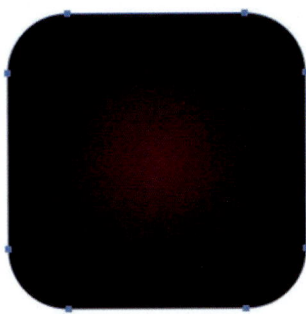

图 6-54 设置渐变　　　　　图 6-55 绘制渐变背景　　　　　图 6-56 绘制圆形

Step 3：复制该圆形，粘贴，适当缩小，并选择"减去顶层形状"，效果如图 6-57 所示。

Step 4：选择矩形工具，选中"合并形状"选项，绘制一个矩形，调整大小使矩形的宽度与圆环的宽度相同，如图 6-58 所示。

Step 5：再绘制一个矩形，选择"减去顶层形状"，如图 6-59 所示。

图 6-57 绘制圆环　　　　　图 6-58 绘制形状 1　　　　　图 6-59 绘制形状 2

Step 6：选择"路径选择工具"，按【Shift】键，选中两个圆形，复制并粘贴，移动到右上角，适当调整位置，如图 6-60 所示。

Step 7：选择矩形工具，选中"减去顶层形状"选项，绘制两个矩形，得到所需要的基本形状，如图 6-61 所示。

Step 8：调整大小及位置，完成效果的制作，如图 6-29 所示。

图 6-60 绘制形状 3   图 6-61 布尔运算

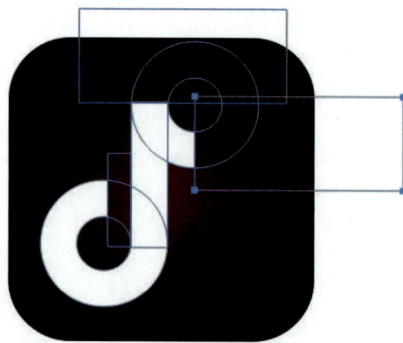

拓展任务 绘制标志（图 6-62）

图 6-62 标志

设计思路：文字转路径，编辑路径，钢笔工具绘制形状。

任务 3　箱包促销广告绘制

本任务学习如何绘制箱包促销广告，效果展示如图 6-63 所示。

图 6-63　任务效果展示

知识点讲解

6.3.1　多边形工具的使用

在 Photoshop 中，使用"多边形工具" 可以快速创建一些特殊形状的矢量图形，例如等边三角形、五角星等。"多边形工具"默认的形状是正五边形，但是可以通过图 6-64 所示的"多边形"属性栏，自定义多边形的边数。

多边形工具的使用

图 6-64　"多边形"属性栏

当在"边数"选框中输入数值 3 时，按住鼠标左键在画布中拖动，可创建一个正三角形。

使用"多边形工具"还可以绘制星形。单击多边形选项栏中的 按钮，会弹出图 6-65 所示的面板，勾选其中的"星形"选框，按住鼠标左键在画布中拖动即可绘制星形。

在下拉框中，还可以勾选"平滑拐角"和"平滑缩进"两个选项，效果如图 6-66 所示。

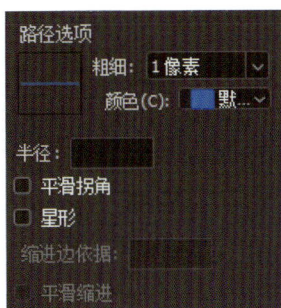

图 6-65　"路径选项"面板

图 6-66　平滑效果

6.3.2 自定形状工具

选择"自定形状"工具，或反复按【Shift + U】键，其属性栏状态如图 6-67 所示。属性栏中的内容与矩形工具属性栏的选项内容类似，只增加了"形状"选项，用于选择所需的形状。

自定义形状

图 6-67 "形状"属性栏

其中形状中默认包含图 6-68 所示内容。

单击右上角的设置按钮，可以分类载入形状及加载全部形状。

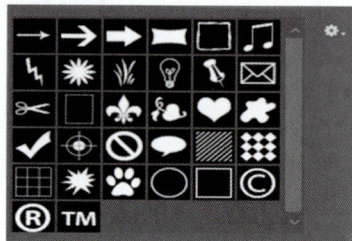

图 6-68 自定义形状

📂 任务实施

Step 1：新建文档，900 像素 ×383 像素，背景为白色，导入底图，如图 6-69 所示。

Step 2：选择圆角矩形工具，设置填充色为 #f6d435，绘制箱包主体形状，如图 6-70 所示。

Step 3：选择圆角矩形工具，在黄色矩形的下方绘制 2 个灰色的圆角矩形，如图 6-71 所示。

Step 4：将两个矩形所在的图层创建剪贴蒙版，效果如图 6-72 所示。

Step 5：使用圆角矩形工具绘制 4 个长的圆角矩形，填充颜色 #e5bf2c，效果如图 6-73 所示。

Step 6：绘制灰色矩形，效果如图 6-74 所示。

Step 7：使用矩形工具绘制拉杆，如图 6-75 所示。

Step 8：使用椭圆工具绘制轮子，如图 6-76 所示。

Step 9：利用自定义形状工具绘制装饰图案，效果如图 6-77 所示。

Step 10：添加文字，完成制作，效果如图 6-63 所示。

图 6-69 导入背景图

图 6-70 绘制箱包主体 1

图 6-71 绘制箱包主体 2

图 6-72 绘制箱包主体 3

图 6-73　绘制箱包主体 4

图 6-74　绘制箱包主体 5

图 6-75　绘制拉杆

图 6-76　绘制轮子

图 6-77　添加修饰

拓展任务　闹钟提醒界面设计（图 6-78）

设计思路：利用椭圆工具和直线工具绘制表盘，圆角矩形工具绘制形状，文字工具输入文字。

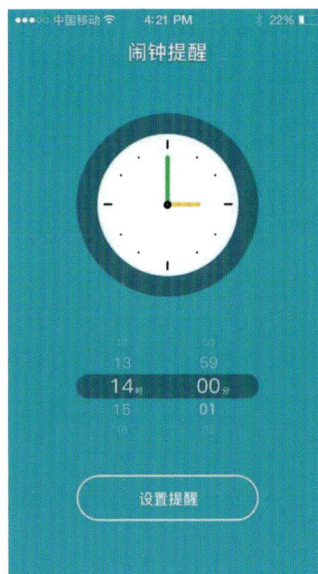

图 6-78　闹钟提醒界面

⊙ 测一测 ···⊙

测试项目 1 篮球赛海报（图 6-79）

设计思路：钢笔工具绘制形状，椭圆工具绘制装饰图案，文字工具输入文字，各种方法抠图，渐变工具完成渐变效果。

图 6-79 篮球赛海报

测试项目 2 舞蹈协会胸牌制作（图 6-80）

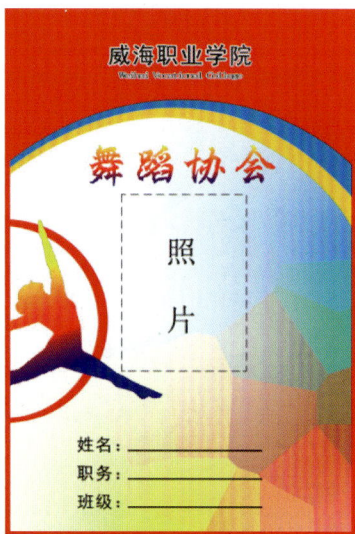

图 6-80 胸牌

设计思路：钢笔工具绘制形状，文字工具输入文字，渐变工具完成渐变效果。

测试项目 3 导视牌绘制（图 6-81）

图 6-81 卫生间导视牌

测试项目 4　APP 界面设计（图 6-82）

本测试项目选自《Photoshop CC 移动 UI 设计案例教程》（胡金黎、朱海燕编著，人民邮电出版社出版）。

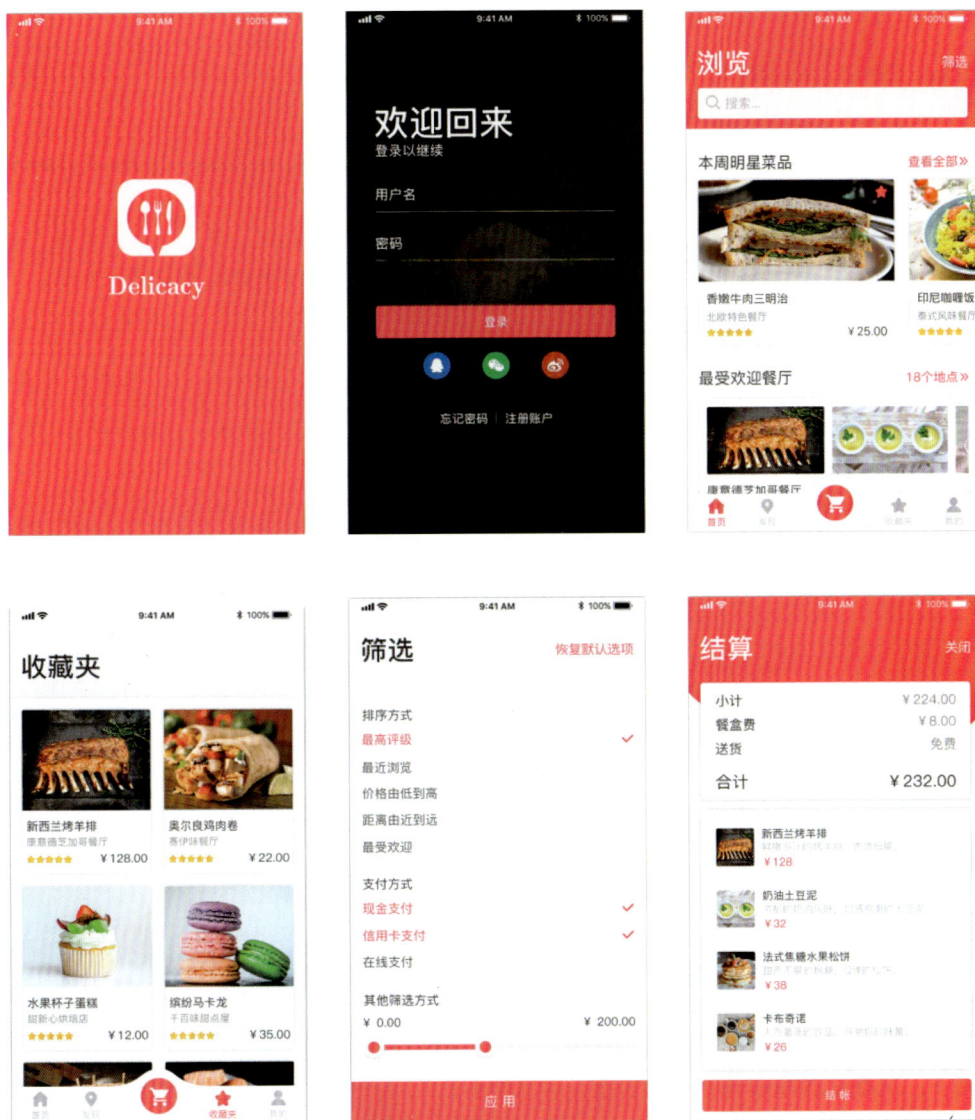

图 6-82　APP 界面

模块7 | 图像特效设计

知识目标

通过《西虹市首富》电影海报设计、漂浮的果子、怀旧效果、包装盒、下雪效果五个任务的实现，掌握常用滤镜的参数设置及使用方法。

技能目标

具备独立使用滤镜进行图像特效设计制作的能力，具备使用多个滤镜实现综合特效的能力。

素养目标

培养学生团队协作、积极进取的精神，具有一定分析问题、解决问题的能力，具备良好的职业道德和沟通交流能力，具备独立思考和认真钻研的良好品质。

任务 1 《西虹市首富》电影海报设计

知识点讲解

风格化滤镜

7.1.1 风格化滤镜

风格化（Stylize）滤镜主要作用于图像的像素，可以强化图像的色彩边界，所以图像的对比度对此类滤镜的影响较大，风格化滤镜最终营造出的是一种印象派的图像效果（图7-1）。

7.1.2 风滤镜

风滤镜

作用：在图像中色彩相差较大的边界上增加细小的水平短线来模拟风的效果。

调节参数：

◆ 风：细腻的微风效果。

◆ 大风：比风效果要强烈得多，图像改变很大。

◆ 飓风：最强烈的风效果，图像已发生变形。

◆ 从左：风从左面吹来。

图 7-1 任务效果展示

◆ 从右：风从右面吹来。

7.1.3　画笔描边滤镜

作用：可以通过使用不同的画笔和油墨描边效果创建具有绘画效果的图像。

（1）**强化的边缘**。设置大的边缘亮度控制值时，强化效果类似白色粉笔；设置小的边缘亮度控制值时，强化效果类似黑色油墨。

（2）**成角的线条**。使用对角描边重新绘制图像，用相反方向的线条来绘制亮区和暗区。

（3）**阴影线**。保留原始图像的细节和特征，同时使用模拟的铅笔阴影线添加纹理，并使彩色区域的边缘变粗糙。其中的"强度"选项（使用值为 1 ~ 3）用于确定使用阴影线的次数。

（4）**深色线条**。用短的、绷紧的深色线条绘制暗区；用长的白色线条绘制亮区。

（5）**墨水轮廓**。以钢笔画的风格，用纤细的线条在原细节上重绘图像。

（6）**喷溅**。模拟喷溅喷枪的效果，增加选项可简化总体效果。

（7）**喷色描边**。使用图像的主导色，用成角的、喷溅的颜色线条重新绘制图像。

（8）**烟灰墨**。以日本画的风格绘制图像，看起来像是用蘸满油墨的画笔在宣纸上绘画。烟灰墨滤镜使用非常黑的油墨来创建柔和的模糊边缘。

任务实施

Step 1：新建一图像文件，设置宽度为"21 厘米"，高度为"28 厘米"，分辨率为"72 像素 / 英寸"，颜色模式为"RGB 颜色"，名称为"西虹市首富"，将背景以白色、蓝色渐变线性填充，效果如图 7-2 所示。

Step 2：选择"文件—打开"命令，打开素材库中的 4 张电影剧照素材图片。

Step 3：新建一图层，命名为"海报背景 1"，设置不同的前景色，分别选择画笔工具（柔角）进行绘制，效果如图 7-3 所示。

图 7-2　海报背景效果　　　　图 7-3　画笔绘制效果

Step 4：导入第 1 张电影剧照素材图片，添加图层蒙版，设置前景色为黑色，使用柔角画笔工具在图层蒙版上进行绘制，效果如图 7-4 所示。

Step 5：导入第 2 张电影剧照素材图片，进行抠像处理，并做水平翻转，为使人物边缘更加柔和，可添加图层样式描边，设置描边颜色为棕色，为人物添加照片滤镜，并创建剪贴蒙版，效果如图 7-5 所示。

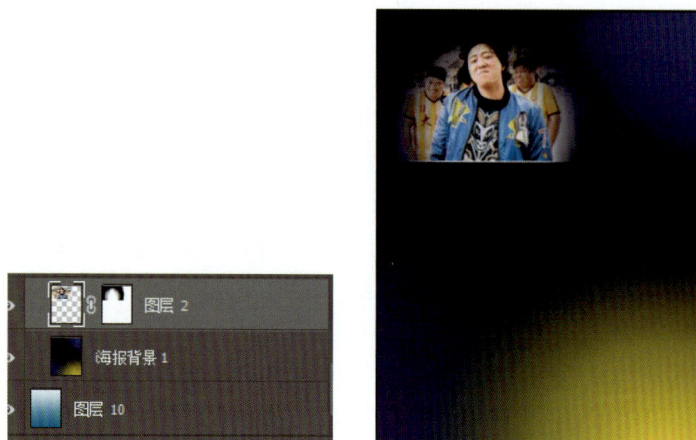

图 7-4　使用图层蒙版后效果

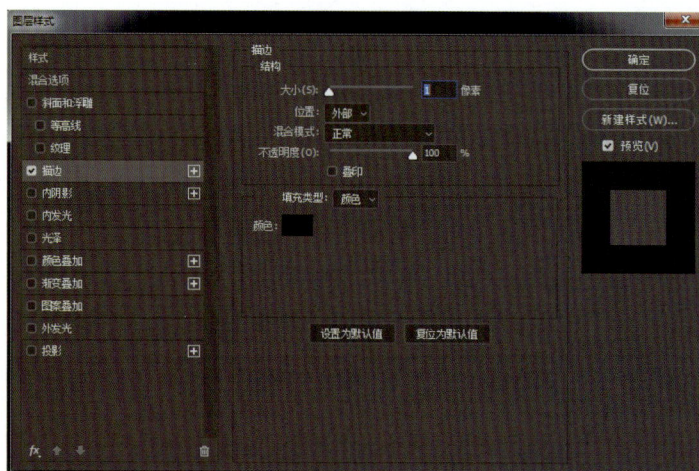

图 7-5　图层样式设置效果

　　Step 6：导入第 3 张电影剧照素材图片，进行抠像处理，并设置图层样式外发光和渐变叠加，同样，为该人物添加照片滤镜，具体参数见步骤 5，效果如图 7-6 所示。

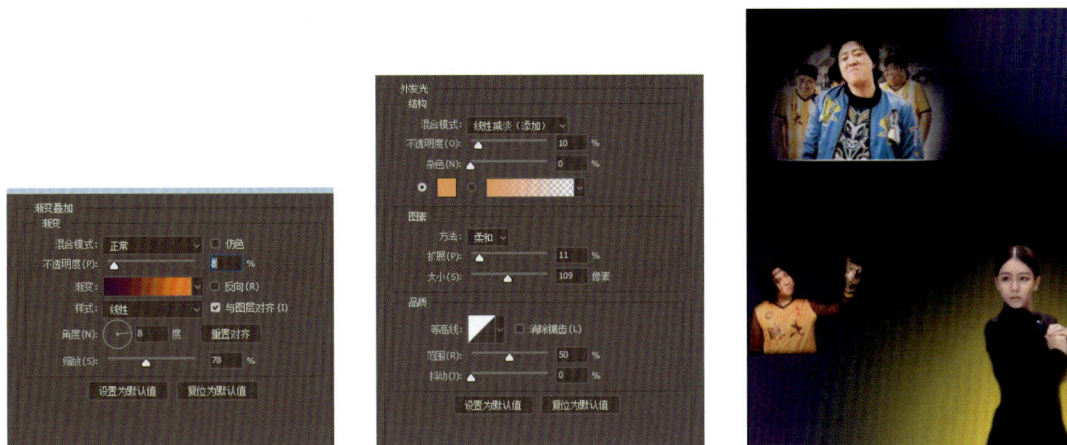

图 7-6　第 3 张电影剧照素材图片处理效果

　　Step 7：新建一图层，命名为"文字背底"，选择湿边画笔，前景色设置为红色，适当降低画笔流量参数，在当前层绘制，新建一图层，创建剪贴蒙版，在剪贴蒙版上使用黄色和青色进行绘制，并适当降低图层透明度，效果如图 7-7 所示。

图 7-7　文字背底处理效果

　　Step 8：选择横排文字工具，设置合适的字体，输入"西虹市首富"，并按住【Ctrl】键，调整文字大小及倾斜度，为文字设置图层样式，具体参数及效果如图 7-8 所示。

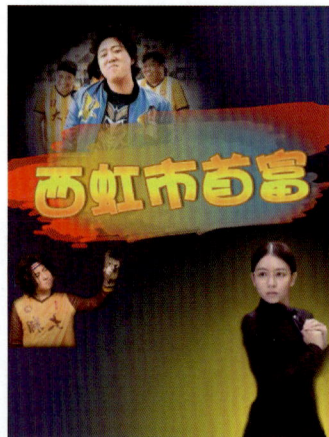

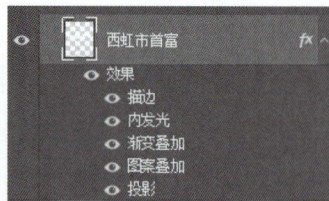

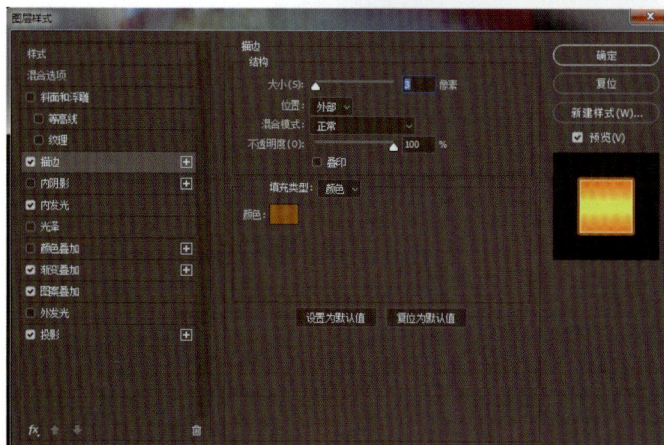

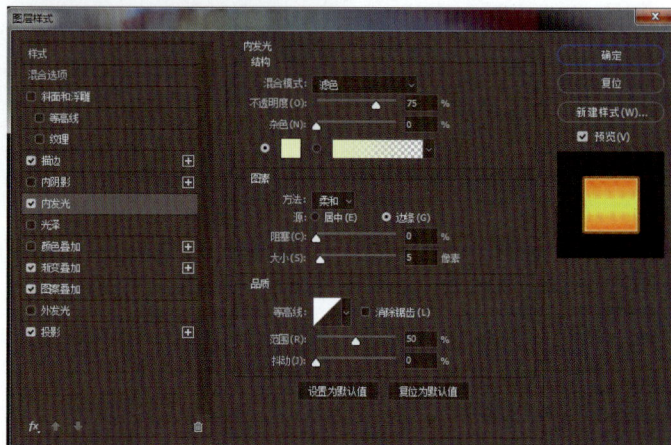

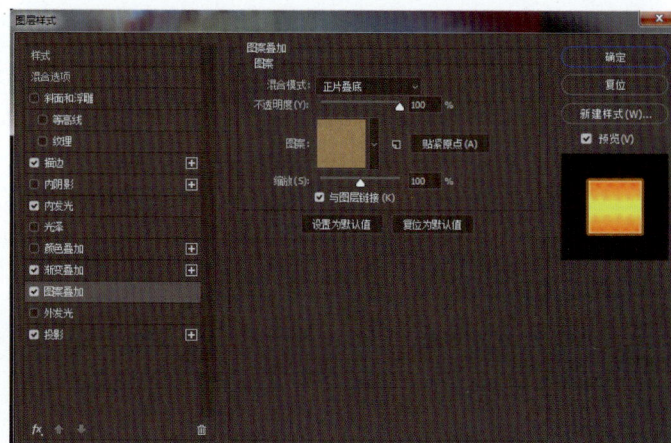

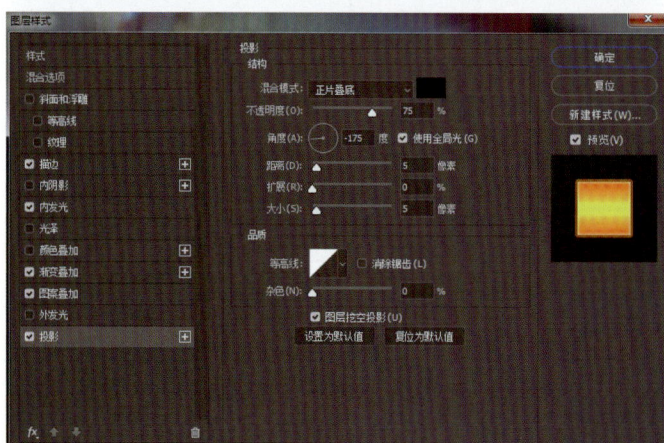

图 7-8　文字图层样式及效果

Step 9：导入第 4 张电影剧照素材图片，为其添加图层蒙版，在图层蒙版上进行绘制，并调整至合适大小，并为第 4 张素材图片添加照片滤镜，效果如图 7-9 所示。

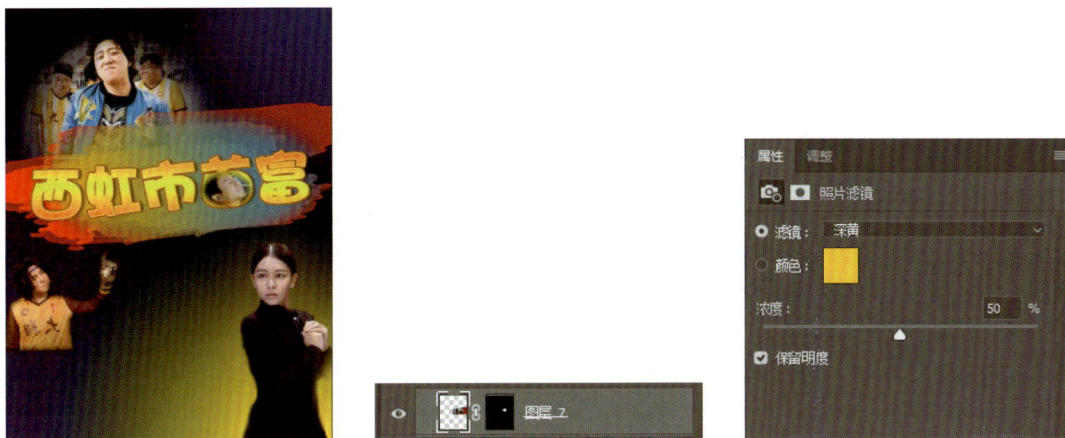

图 7-9　第 4 张电影剧照素材图片处理后效果

Step 10：新建一图层，命名为"星光"，使用画笔工具，设置适合的画笔调板参数，在图层上绘制，效果如图 7-10 所示。

Step 11：新建一图层，命名为"云"，绘制云和月亮效果，如图 7-11 所示。

Step 12：输入文字"是金子总会发光"，将填充设置为 0，添加图层样式描边（白色），效果如图 7-12 所示。

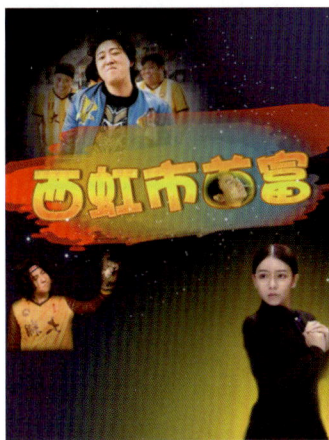

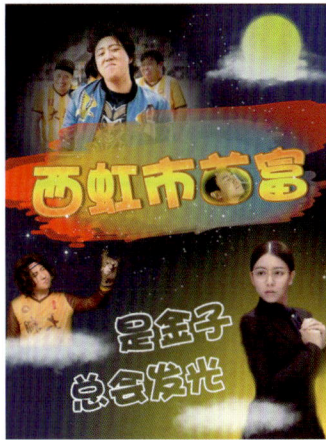

图 7-10　星光效果　　　　图 7-11　云效果　　　　图 7-12　文字效果 1

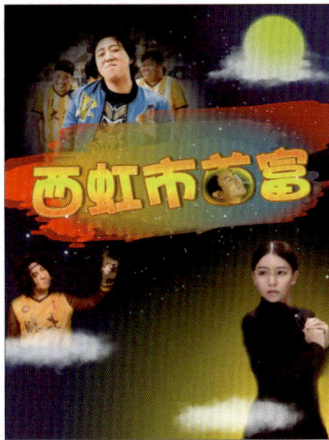

Step 13：输入文字 7.27，设置合适的字体，栅格化文字，使用渐变颜色进行填充，设置图层样式（斜面和浮雕），具体效果如图 7-13 所示。

Step 14：按【Ctrl + Shift + Alt + E】键盖印图层，按【Ctrl + T】键做自由变换，调整到合适大小，做变形，并添加图层蒙版，把右下角处理为透明效果，把除当前层、背景层以外的其他图层隐藏，效果如图 7-14 所示。

Step 15：新建一图层，命名为"卷页"，创建卷页选区，使用选区变换调整选区形状，在卷页层使用渐变进行填充，效果如图 7-15 所示。

Step 16：新建一图层，命名为"投影"，为页面绘制影子，调整图层不透明度至满意效果为止，效果如图 7-16 所示。

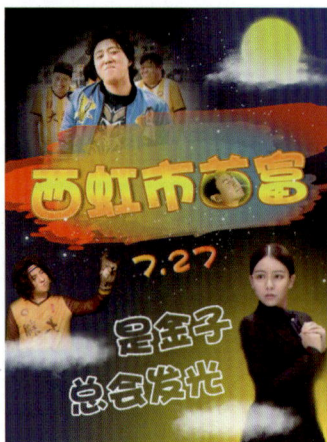

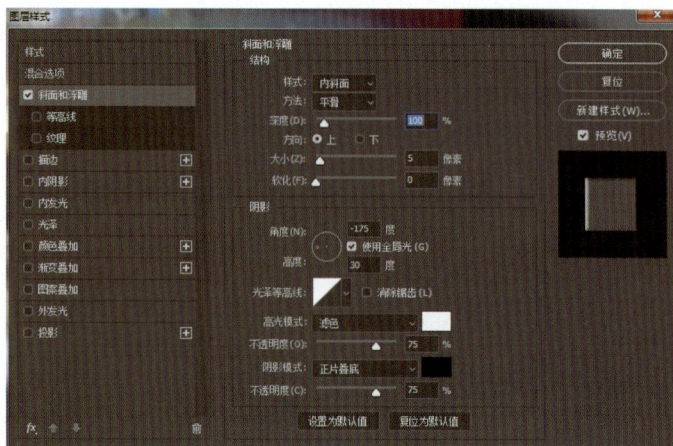

图 7-13　文字效果 2

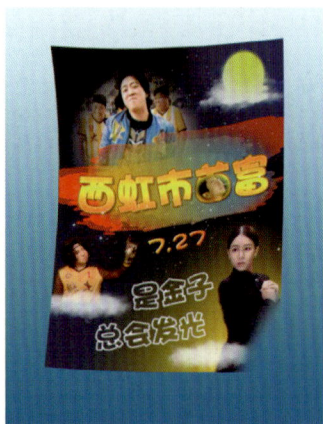

图 7-14　盖印调整后效果　　　　图 7-15　卷页效果　　　　图 7-16　影子效果

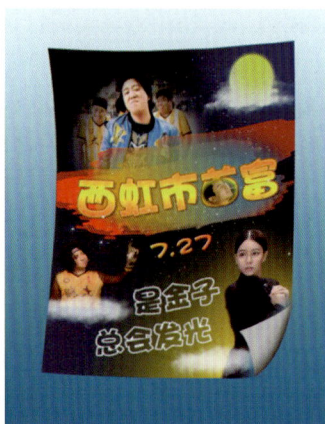

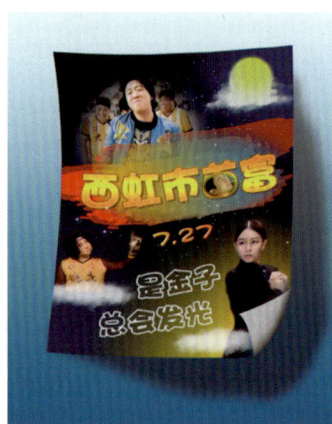

Step 17：新建一图层，命名为"图钉"，使用选区工具、渐变工具及变换等，完成图钉绘制，效果如图 7-17 所示。

图 7-17　图钉效果

Step 18：复制图钉，调整至合适大小及角度，最终效果如图 7-1 所示。

拓展任务　　**实现火焰字特效（图 7-18）**

图 7-18　火焰字特效

任务 2　漂浮的果子

设计思路：使用"图层蒙版""画笔工具"制作水果与海面的融合效果；使用"波纹"滤镜、"亮度 / 对比度"和"画笔工具"，制作水果阴影；使用"横排文字工具"和"字符"面板，添加需要的文字，效果展示如图 7-19 所示。

漂浮的果子

任务实施

Step 1：打开背景素材，如图 7-20 所示。

Step 2：打开草莓素材，并将其拖到背景上方，移动到合适的位置，如图 7-21 所示。

图 7-19　任务效果展示

图 7-20　背景

图 7-21　草莓素材

Step 3：为表现草莓浮在水面上，为草莓图层添加图层蒙版，使用画笔工具，在蒙版上涂抹，效果如图 7-22 所示。

Step 4：将草莓图层复制为"草莓　复本 2"，使用移动工具移动到草莓下方，作为倒影，适当调整方向，选择"滤镜—扭曲—波纹"命令，按图 7-23 所示设置波纹滤镜，应用滤镜的效果如图 7-24 所示。

图 7-22　添加蒙版

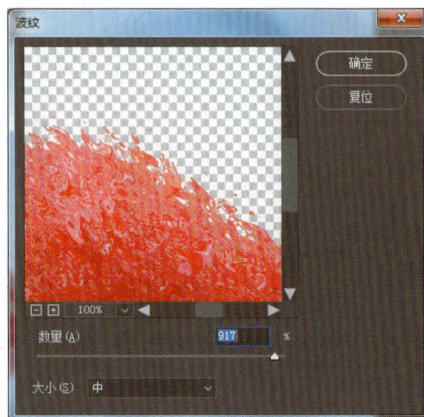
图 7-23　波纹滤镜

Step 5：选中草莓复本 2 图层，选择"图像—调整—亮度对比度"命令，适当降低亮度，为图层添加蒙版，适当降低不透明度，效果如图 7-25 所示。

图 7-24　滤镜效果

图 7-25　设置透明度

Step 6：输入文字，完成效果制作，如图 7-19 所示。

拓展任务　**浓情巧克力（图 7-26）**

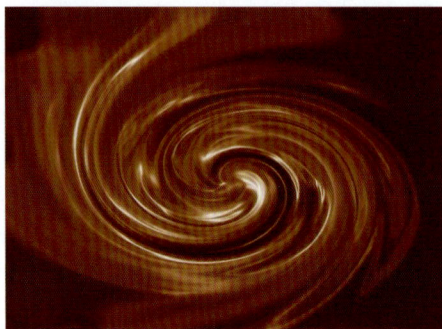
图 7-26　巧克力

任务 3　怀旧效果

本任务学习制作照片的怀旧效果，效果展示如图 7-27 所示。

图 7-27　任务效果展示

知识点讲解

7.3.1　画笔描边 — 喷色描边

喷色描边：使用图像的主导色，用成角的、喷溅的颜色线条重新绘制图像。

其参数设置如图 7-28 所示，各选项含义如下：

◆ 描边长度：它主要控制喷溅线条的长短。

◆ 喷色半径：该值用于控制喷溅在不同颜色区域扩散的范围。

◆ 描边方向：在该下拉列表框中有四个选项，这些选项主要用来改变喷溅线条的方向。

画笔描边工具

喷色描边

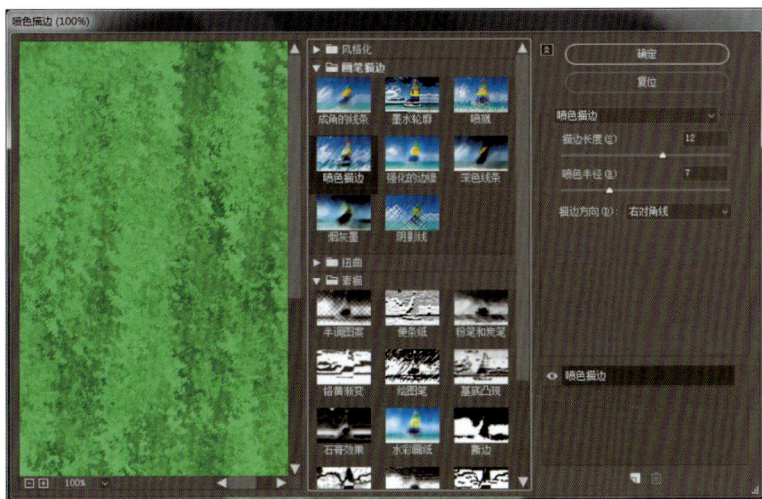

图 7-28　"喷溅滤镜"参数设置

7.3.2　高斯模糊

"高斯模糊"滤镜使用高斯曲线来分布像素信息以使图像增加模糊感。"高斯模糊"对话框内只有一个"半径"文本框，可在其中输入 0.1～250 范围内的像素值。设置参数值越大，图像就越模糊，如图 7-29 所示。

图 7-29　"高斯模糊"滤镜参数设置

任务实施

Step 1：打开怀旧照片素材，如图 7-30 所示。

复制背景层，得到"背景 拷贝"图层，如图 7-31 所示。

图 7-30　素材效果

Step 2：使用矩形选框工具，绘制一个矩形选区，效果如图 7-32 所示。

图 7-31　复制后图层列表

图 7-32　绘制矩形选区

Step 3：执行"选择菜单—存储选区"命令，输入选区名字为 jx，单击"确定"按钮，参数设置如图 7-33 所示。

Step 4：按【Ctrl + D】键取消选区，切换到通道面板，单击 Alpha 通道 jx，如图 7-34 所示，执行"滤镜—滤镜库—画笔描边—喷色描边"命令，参数设置如图 7-35 所示，单击"确定"按钮。

Step 5：按住【Ctrl】键，用鼠标左键单击 jx 通道缩览图，载入选区，如图 7-36 所示，单击 RGB 综合输出通道，效果如图 7-37 所示。

Step 6：切换至图层面板，按【Ctrl + J】键或执行"图层—新建—通过拷贝"的图层命令，如图 7-38 所示。

Step 7：新建图层 2，设置前景色为 RGB（250，240，219），调整图层 2 到图层 1 下面，在图层 2 上用前景色填充，效果如图 7-39 所示。

Step 8：复制图层 1 得到"图层 1 拷贝"，在"图层 1 拷贝"层执行"滤镜—模糊—高斯模糊"命令，设置适当的半径，参数设置如图 7-40 所示，单击"确定"按钮。

Step 9：设置"图层 1 拷贝"层的混合模式为柔光，效果如图 7-41 所示。

图 7-33　"存储选区"对话框

图 7-34　选择 jx 通道

图 7-35　"喷色描边"参数设置

图 7-36　载入选区后效果

图 7-37　单击 RGB 通道图像效果

图 7-38 "通过拷贝"的图层操作后图层列表

图 7-39 图层 2 填充后效果

图 7-40 "高斯模糊"滤镜参数设置

图 7-41 图层混合模式设置效果

Step 10：新建图层 3，使用前景色填充，将图层 3 的混合模式调整为正片叠底，效果如图 7-42 所示。

Step 11：复制图层 3 得到"图层 3 拷贝"层，将"图层 3 拷贝"层混合模式调整为颜色，最终效果如图 7-27 所示。

图 7-42 图层 3 混合模式调整为正片叠底

拓展任务　制作怀旧效果照片（图 7-43）

图 7-43　怀旧效果幸福时光

任务 4　包装盒

"消失点"滤镜常用来对有透视效果的图像进行处理。本任务将使用"消失点"滤镜制作一个包装盒，效果展示如图 7-44 所示。

消失点滤镜

知识点讲解

"消失点"滤镜可以在对包含透视平面（例如，建筑物的侧面或任何有透视关系的对称）的图像进行透视校正、克隆和喷绘图像等编辑操作，并根据选定区域内的透视关系自动调整，以适配透视关系，保持正确的透视关系。

图 7-44　最终效果

使用"消失点"滤镜，首先根据图像所具有的透视关系，使用"创建平面工具"，定义平面的四个角点，调整平面的大小和形状并拉出透视平面，如图 7-45 所示。

任务实施

Step 1：打开包装盒素材，将背景复制一份，名称为"背景副本"，如图 7-46 所示。

Step 2：打开图案素材，按【Ctrl + A】键全选，按【Ctrl + C】键复制，如图 7-47 所示。

Step 3：选择背景复本图层，执行"滤镜—消失点"命令，打开"消失点"滤镜对话框，在工具箱中选择"创建平面工具"，根据盒子的透视关系，绘制图 7-48 所示的平面。

Step 4：按【Ctrl + V】键，将复制的包装图案粘贴到当前窗口，按【Ctrl + T】键变换，旋转 90 度，并调整合适的大小，移动图案到网格区域，调整好位置，如图 7-49 所示。

Step 5：设置该图层的混合模式为"正片叠底"，最后效果如图 7-44 所示。

图 7-45   绘制透视平面

图 7-46   打开素材 1

图 7-47   打开素材 2

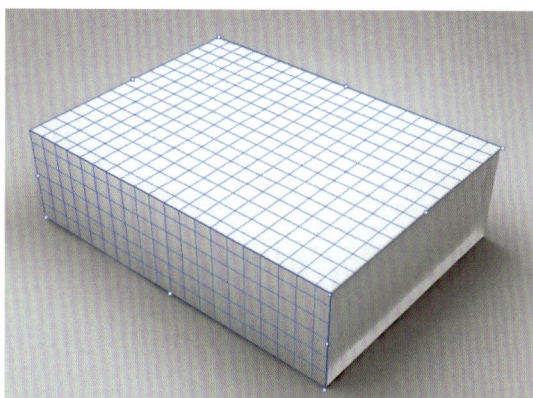

图 7-48   创建平面

图 7-49   粘贴到平面

拓展任务　**立方体贴图（图 7-50）**

图 7-50　原图和效果图对比

任务 5　下雪效果

本任务学习制作照片的下雪效果，效果展示如图 7-51 所示。

图 7-51　任务效果展示

知识点讲解

7.5.1　像素化 — 点状化

　　"点状化"滤镜可以产生随机的彩色斑点效果，点与点之间的空隙将用当前背景色填充，可用于生成点画派作品效果。"点状化"对话框如图 7-52 所示。其中，"单元格大小"选项用于控制斑点的大小。随着"单元格大小"的参数数值增加，完成后的结果图像中的点的尺寸就越大。

点状化

图 7-52　"点状化"对话框

7.5.2　动感模糊

"动感模糊"滤镜模仿拍摄运动物体的手法，通过对某一方向上的像素进行线性位移来产生运动模糊效果。其参数设置对话框如图 7-53 所示，各选项含义如下：

◆ 角度：用于控制像素运动模糊的方向，可以通过改变文本框中的数字或直接拖动指针来调整。

◆ 距离：用于控制像素移动的距离，即模糊的强度。经过动感模糊修饰的图片产生了明显的相机在较低快门拍摄时产生的效果。

图 7-53　"动感模糊"参数设置对话框

任务实施

Step 1：打开下雪素材，新建一图层，设置前景色为黑色，背景色为白色，使用渐变工具，选择从前景到背景的渐变，线性渐变，在图层 1 上从左上角向右下角渐变填充，效果如图 7-54 所示。

Step 2：设置图层 1 为当前层，执行"滤镜—像素化—点状化"命令，设置单元格大小为 9，单击"确定"按钮，参数设置如图 7-55 所示，效果如图 7-56 所示。

图 7-54　渐变填充后效果

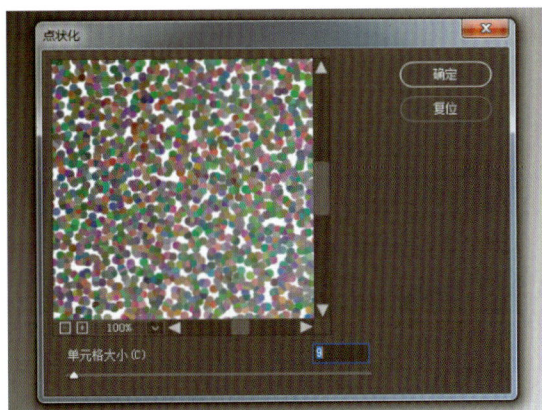

图 7-55　"点状化"滤镜参数设置

图 7-56　"点状化"滤镜应用效果

Step 3：执行"图像—调整—阈值"命令，适当调整阈值，参数及效果如图 7-57 所示。

Step 4：执行"滤镜—模糊—动感模糊"命令，调整模糊的方向和距离，参数设置及效果如图 7-58 所示。

Step 5：将图层 1 混合模式调整为滤色，得到最终下雪效果，如图 7-51 所示。

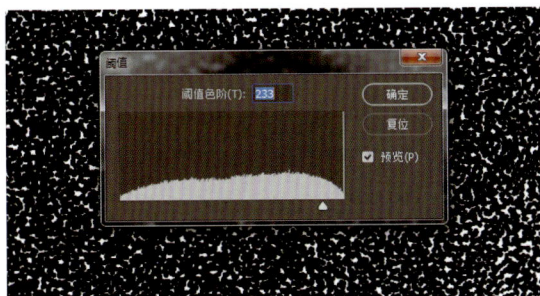

图 7-57　阈值参数及效果

图 7-58　"动感模糊"参数设置及效果

拓展任务　制作下雨效果图（图 7-59）

图 7-59　下雨效果

◎ 测一测 ··· ◉

测试项目 1　制作放射背景（图 7-60）

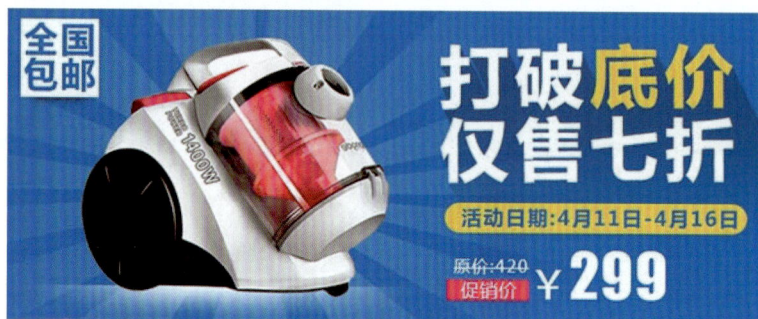

图 7-60　商品广告

设计思路：应用半调图案、极坐标滤镜来绘制背景，抠图，输入文字。

测试项目 2　制作户外广告牌（图 7-61）

图 7-61　户外广告牌

设计思路：利用消失点滤镜处理透视关系。

参考资料

[1] 牟音昊，高晓菲，洪波. Photoshop CS6 核心应用案例教程（全彩慕课版）[M]. 北京：人民邮电出版社，2019.

[2] 安晓燕. Photoshop CC 2019 从新手到高手 [M]. 北京：清华大学出版社，2019.

[3] 传智播客高教产品研发部. Photoshop CS6 图像设计案例教程 [M]. 北京：中国铁道出版社，2015.

[4] 石坤泉，徐娴. 边做边学——Photoshop 图像制作案例教程 [M]. 北京：人民邮电出版社，2020.

[5] 周建国. Photoshop CS6 平面设计应用教程（微课版）[M]. 5 版. 北京：人民邮电出版社，2020.

[6] 互联网 + 数字艺术研究院. 中文版 Photoshop CS6 全能修炼圣经（移动学习版）[M]. 北京：人民邮电出版社，2017.

[7] 刘峰. 平面广告设计与制作（Photoshop + CorelDRAW）（微课版）[M]. 2 版. 北京：人民邮电出版社，2020.

[8] 传智播客高教产品研发部. Photoshop CS6 图像处理案例教程 [M]. 北京：中国铁道出版社，2016.